Uwe Bergmann

TRAINING Kurvendiskussion

Rationale Funktionen

Sekundarstufe II

Beilage: Lösungsheft

Ernst Klett Verlag
Stuttgart München Düsseldorf Leipzig

Die Beilage zu diesem Heft besteht aus dem Lösungsheft und einem lose beigelegten Merkblatt zur Funktionsuntersuchung.

Gedruckt auf Papier, das aus chlorfrei gebleichtem Zellstoff hergestellt wurde

Die Deutsche Bibliothek – CIP-Einheitsaufnahme

Bergmann, Uwe:
Training Kurvendiskussion : rationale Funktionen ;
Sekundarstufe II / Uwe Bergmann. – 5. Aufl. – Stuttgart ;
München ; Düsseldorf ; Leipzig : Klett, 1997
ISBN 3-12-922031-3

5. Auflage 1997

Satz: Zechnersche Buchdruckerei, Speyer
Druck: W. Röck, Weinsberg. Printed in Germany.
Abbildungen: Karola Bergmann, Wolfenbüttel
Einbandgestaltung: Bayerl & Ost, Frankfurt am Main
ISBN 3-12-922031-3

Inhaltsverzeichnis

Am Anfang steht die Funktionsgleichung, am Ende der Graph.

Was dazwischen liegt, ist keine Zauberei, sondern gezieltes, methodisches Vorgehen. Will man einer Funktion ihre Eigenschaften entlocken und das Geheimnis um den Verlauf ihres Graphen lüften, so ist planvolles Analysieren notwendig – eben Analysis.

Dieser wichtige Bereich der Mathematik ist Bestandteil von Ausbildung oder Studium unterschiedlicher Fachrichtungen. Der Bogen ist dabei von Wirtschaftswissenschaften bis Ingenieurwissenschaften weit gespannt.

Dieses Trainingsbuch will Ihnen bei der Analyse helfen. Sie sollen lernen, wie man so viele Informationen wie nötig über die zu untersuchenden Funktionen sammelt – mit oder ohne Differentialrechnung als Hilfsmittel –, ohne dabei den Überblick zu verlieren.

Jedes Teilkapitel wendet sich einem Untersuchungsaspekt zu, die theoretischen Hintergründe werden so weit wie nötig beleuchtet. Dabei wird auf Spitzfindigkeiten verzichtet. Die angewandten Methoden lassen sich übrigens weitgehend auf andere Funktionstypen übertragen, z. B. Wurzelfunktionen u. a.

Das Buch ist auch verwendbar, wenn Sie nur ganzrationale oder nur gebrochen rationale Funktionen untersuchen wollen. Sie können in diesem Fall die entsprechenden Kapitel oder deren Teile auswählen und die anderen überspringen. Damit am Ende wirklich der richtige Graph gezeichnet werden kann, müssen die einzelnen Untersuchungsmethoden eingeübt werden. Was hilft die beste Strategie, wenn sich der Fehlerteufel im Detail festbeißt?

Am Ende jedes Teilkapitels steht eine kurze Zusammenfassung, sozusagen ein Extrakt. Auf einem gesonderten Blatt befinden sich zwei Übersichten für vollständige Funktionsuntersuchungen, eine für ganzrationale und eine für gebrochen rationale Funktionen.

Hier noch einige **Tips zur Benutzung** des Buchs:

- Lesen Sie die einzelnen Aufgabentexte gründlich durch und notieren Sie die Lösungen (falls vorgesehen, im Buch).
  Bei umfangreicheren Rechnungen sollte der gesamte Lösungsweg zur besseren Kontrolle notiert werden.
- Befragen Sie nur dann das Lösungsheft, wenn Sie trotz ernsthafter Bemühungen nicht weiterkommen. Der Lernerfolg wäre sonst gefährdet.
- Überfliegen Sie bei jedem Neubeginn die schon bearbeiteten Teile.

Und nun viel Spaß!

I. Kurvendiskussion mit elementaren Mitteln

In diesem Kapitel werden wir rationale Funktionen untersuchen, ohne die Methoden der Differentialrechnung zu verwenden. Stattdessen wollen wir die Funktionen über Termumformungen, Lösen von Gleichungen und Bilden von Grenzwerten analysieren. Unserem Ziel, möglichst viele Informationen über den Verlauf des Funktionsgraphen zu sammeln, können wir auf diese Weise schon recht nahe kommen.

1. Die Definitionsmenge

Warum muß man die Definitionsmenge einer Funktion kennen?
Die Frage nach dem Sinn dieser Untersuchung wird häufig gestellt und am Ende dieses Kapitels auch beantwortet. Sollten Sie jedoch nur an der Untersuchung ganzrationaler Funktionen interessiert sein, so dürfen Sie das Kapitel getrost überspringen.

1

a) Setze in den Term $\frac{1}{x}$ nacheinander für x die Werte 4, -5, $\frac{1}{2}$ und 0,6 ein und notiere die Ergebnisse.

b) Welches Ergebnis ergibt sich für den x-Wert 0? Benutze auch den Taschenrechner.

2

Gegeben sind die Terme $\frac{1}{x^2-4}$ und $\sqrt{x+2}$.
Setze jeweils für x die Werte 0, 1, -1, 2, -2, 3 und -3 ein und berechne das Ergebnis. Für welche x-Werte gibt es in welchem der beiden Terme kein Ergebnis?

Sie haben eben Terme kennengelernt, in die man für die Variable x nicht jeden beliebigen Zahlenwert einsetzen darf. So zeigt der Taschenrechner „ERROR" an, wenn man beispielsweise in $\frac{1}{x^2-4}$ für x die Zahl 2 einsetzt.

Dies ist sofort einzusehen, denn $\frac{1}{2^2-4} = \frac{1}{4-4} = \frac{1}{0}$ ist zwar formal richtig gerechnet, ergibt aber mathematisch keinen Sinn. Da man durch 0 nicht dividieren darf, ist der x-Wert 2 für diesen Term nicht zugelassen und wir sagen:

Der Term $\frac{1}{x^2-4}$ ist <u>für $x=2$ nicht definiert.</u>

3

Ermitteln Sie diejenigen x-Werte, für die die Terme

a) $\frac{1}{x+3}$ **b)** $\frac{2}{5x-6}$ **c)** $\frac{1}{x^2+4x}$ **d)** $\frac{1}{x^2-1}$

nicht definiert sind.

Entsprechend wird untersucht, für welche x-Werte Funktionen nicht definiert sind.

Beispiele:

1. Gegeben ist die Funktion f mit $f\colon x \mapsto f(x) = \frac{1}{3x-x^2}$.

   Der Nenner kann gleich 0 werden, wenn x die Werte 0 oder 3 annimmt. Folglich ist die Funktion weder für 0 noch für 3 definiert.
   Da wir aber alle anderen reellen Zahlen einsetzen können, ohne daß der Nenner gleich 0 wird, ist diese Funktion <u>für alle reellen Zahlen außer 0 und 3 definiert.</u>
   Die Menge dieser Zahlen heißt **Definitionsmenge** oder **Definitionsbereich** und wird so geschrieben:

   $\mathbb{D}_f = \mathbb{R} \setminus \{0; 3\}$
   (lies: Die Menge aller reellen Zahlen außer 0 und 3)

2. Gegeben ist die Funktion $f\colon x \mapsto f(x) = \sqrt{x-2}$.
   Bekanntlich sind Wurzeln nur für nicht-negative Radikanden (Terme unter dem Wurzelzeichen) definiert. Anders ausgedrückt: Aus einer negativen Zahl läßt sich keine Quadratwurzel ziehen. Der Term $x-2$ wird aber negativ, wenn die für x eingesetzte Zahl kleiner als 2 ist, z. B. 1, 0, -1, -2, oder auch 1,5, 0,8, $-\frac{1}{3}$ u. s. w.
   Will man umgekehrt die Zahlen ermitteln, die man einsetzen darf, so müßte man folgendermaßen vorgehen:
   Die Wurzel ist definiert für alle reellen Zahlen für die gilt

   $$x-2 \geq 0,$$

   das heißt $x \geq 2$.

Demnach lautet die Definitionsmenge

$\mathbb{D}_f = \{x \in \mathbb{R} \mid x \geq 2\}$
(lies: Die Menge aller reellen Zahlen x, für die gilt $x \geq 2$.)

4

Notiere entsprechend die Definitionsmengen der Funktionen:

a) $f\colon x \mapsto f(x) = \frac{1}{2x+5}$ **b)** $f\colon x \mapsto f(x) = \frac{1}{x^2-x}$ **c)** $f\colon x \mapsto f(x) = \frac{1}{3x^2+x}$

d) $f\colon x \mapsto f(x) = \frac{1}{x^2-6x}$ **e)** $f\colon x \mapsto f(x) = \frac{1}{x^2-25}$ **f)** $f\colon x \mapsto f(x) = \frac{1}{x}$

g) $f\colon x \mapsto f(x) = \sqrt{x+5}$ **h)** $f\colon x \mapsto f(x) = \sqrt{2x-4}$ **i)** $f\colon x \mapsto f(x) = \sqrt{6x}$

j) $f\colon x \mapsto f(x) = \sqrt{3x+1}$ **k)** $f\colon x \mapsto f(x) = \sqrt{2-x}$ **l)** $f\colon x \mapsto f(x) = \sqrt{x}$

5

Gegeben ist die Funktion $f\colon x \mapsto f(x) = x^2 - 3x + 4$.

a) Setze für x nacheinander die Zahlen 2, -1, 0,5, $-\frac{1}{2}$ und 0 ein.

b) Ist eine Zahl vorstellbar, für die diese Funktion nicht definiert ist?

Da die Variable x bei der Funktion aus Aufgabe 5 weder im Nenner eines Bruchs noch unter einer Wurzel auftaucht, gibt es keine reelle Zahl, die aus der Definitionsmenge ausgeschlossen werden müßte.
Die Funktion $f\colon x \mapsto f(x) = x^2 - 3x + 4$ gehört zu den **ganzrationalen Funktionen.** Man kann leicht einsehen, daß für alle derartigen Funktionen gilt: $\mathbb{D}_f = \mathbb{R}$.

Die Funktionen von Aufgabe 4 a)–f) gehören zu den **gebrochen rationalen Funktionen.** Ihre Definitionsmenge, wie auch die der **Wurzelfunktionen** von Aufgabe 4 g)–l), ist im allgemeinen nicht gleich $\mathbb{R}$ und muß wie gezeigt ermittelt werden.

6

Gib die Definitionsmengen an:

a) $f\colon x \mapsto f(x) = \frac{1}{x^2-9}$ **b)** $f\colon x \mapsto f(x) = x^2 - 9$ **c)** $f\colon x \mapsto f(x) = \sqrt{x-9}$

d) $f\colon x \mapsto f(x) = x^2 + 9x$ **e)** $f\colon x \mapsto f(x) = \frac{1}{x^2+9}$ **f)** $f\colon x \mapsto f(x) = \sqrt{x^2+9}$

Wir fassen zusammen:

Die Definitionsmenge $\mathbb{D}_f$ einer Funktion umfaßt
- bei ganzrationalen Funktionen die Menge $\mathbb{R}$ der reellen Zahlen,
- bei gebrochen rationalen Funktionen $\mathbb{R}$ mit Ausnahme derjenigen reellen Zahlen, für die der Nenner gleich 0 wird,
- bei Quadratwurzelfunktionen diejenigen reellen Zahlen, für die der Radikand nicht negativ wird.

Beim Rechnen der Aufgaben ist es nützlich, die ausführliche Funktionsschreibweise $f: x \mapsto f(x)$ durch den Funktionsterm $f(x)$ zu ersetzen.

2. Symmetrie

Man kann sich die Arbeit bei der Funktionsuntersuchung sehr vereinfachen, wenn man zunächst feststellt, ob die betreffende Funktion irgendwelche Symmetrieeigenschaften besitzt. Hat nämlich beispielsweise eine achsensymmetrische Funktion rechts von der Symmetrieachse Nullstellen, Extrema, Pole o. ä., so hat sie solche Nullstellen selbstverständlich auch links davon, die dann natürlich nicht mehr untersucht werden müssen.

1

Gegeben sei die Funktion $f(x) = x^2$.

a) Fülle die Wertetabelle aus:

x	$-2,5$	-2	$-1,5$	-1	$-0,5$	0	0,5	1	1,5	2	2,5
f (x)											

b) Vergleiche die Funktionswerte $f(-2)$ und $f(2)$ bzw. $f(-0,5)$ und $f(0,5)$.

c) Nenne weitere Paare gleicher Funktionswerte. Bestätige, daß allgemein gilt: $f(-x) = f(x)$.

d) Sie sehen hier den Funktionsgraphen, die sogenannte **Normalparabel.** Eingezeichnet sind auch die Funktionswerte von b). Welches ist die Symmetrieachse der Normalparabel?

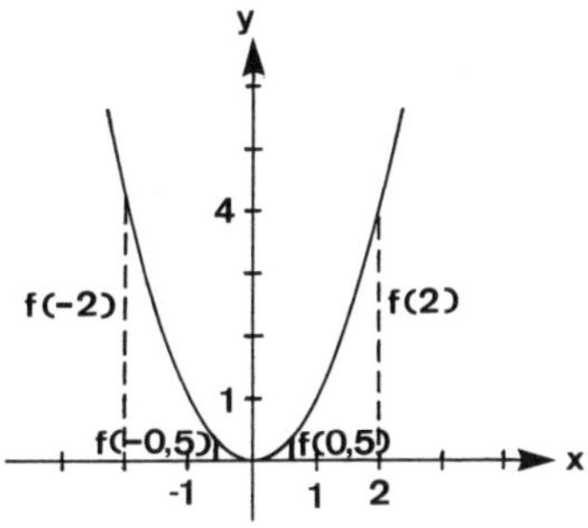

2

Wir untersuchen die Funktion $f(x) = x^4 - 2x^2 + 1$.

a) Lege eine Wertetabelle für den Bereich $-2{,}5 \leq x \leq 2{,}5$ an.

b) Nenne die Paare gleicher Funktionswerte. Gilt wieder $f(-x) = f(x)$?

c) Betrachte den Funktionsgraphen. Welche Symmetrieachse besitzt er?

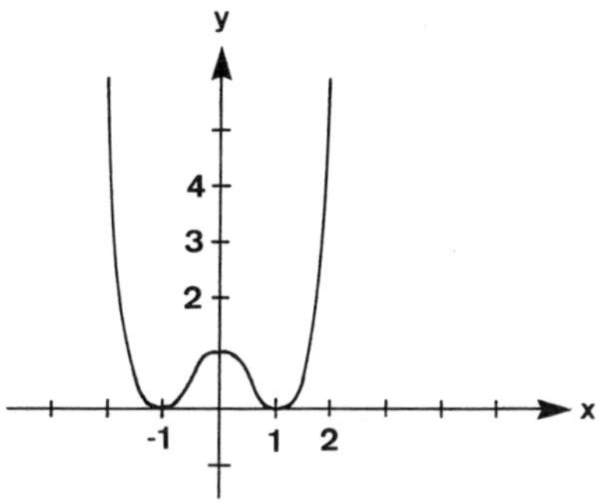

3

Der Graph der Funktion $f(x) = x^2 - 4x$ ist eine verschobene Normalparabel.

a) Bestimme $f(-1)$ und $f(1)$, bzw. $f(-2)$ und $f(2)$ und vergleiche sie. Gilt hier $f(-x) = f(x)$?

b) Ist der Graph symmetrisch zur y-Achse?

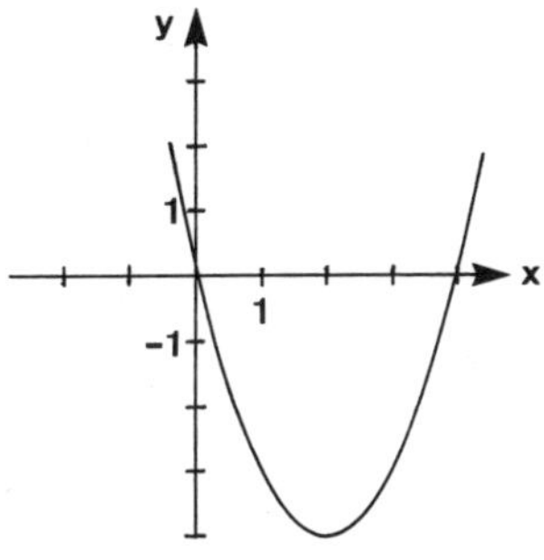

Die Aufgaben 1 bis 3 haben anschaulich gezeigt, daß der Graph einer Funktion symmetrisch zur y-Achse ist, wenn die Funktion für je zwei x-Werte, die sich nur durch das Vorzeichen unterscheiden, dieselben Funktionswerte besitzt. Anders ausgedrückt:

Der Graph einer Funktion f ist symmetrisch zur y-Achse, wenn gilt:

$f(-x) = f(x)$

für alle $x \in \mathbb{D}_f$.

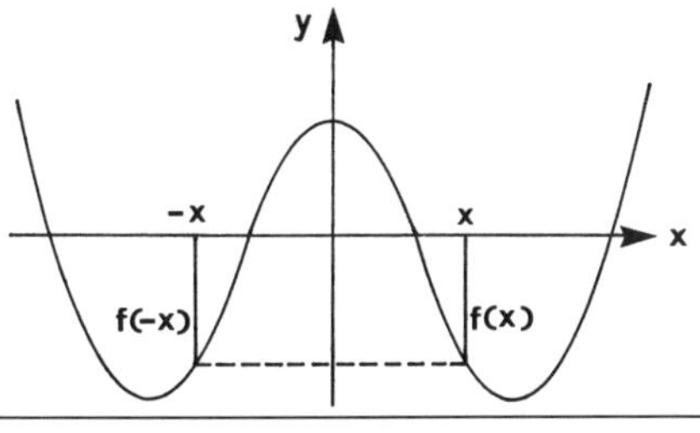

4

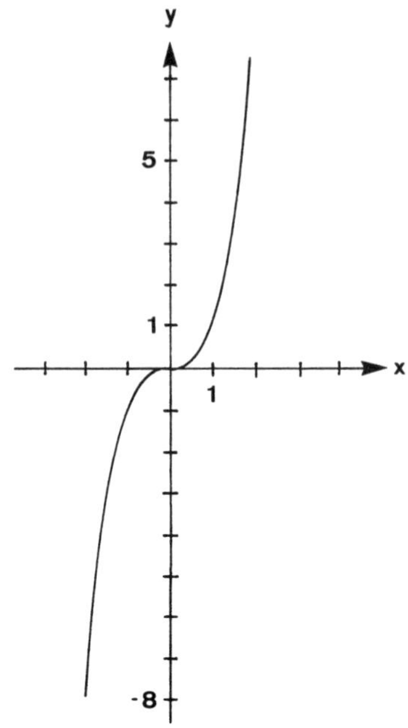

Der Graph der Funktion $f(x) = x^3$ heißt **kubische Parabel.**

a) Bestimme die Funktionswerte zu den x-Werten -3, $-2{,}5$, -2, ..., $2{,}5$, 3. Lege dazu eine Wertetabelle an.

b) Worin unterscheiden sich $f(-3)$ und $f(3)$, $f(-1{,}5)$ und $f(1{,}5)$ bzw. $f(1)$ und $f(-1)$?

c) Gilt $f(-x) = -f(x)$?

d) Ist die kubische Parabel symmetrisch zur y-Achse?

e) Ist sie punktsymmetrisch zum Ursprung?

5

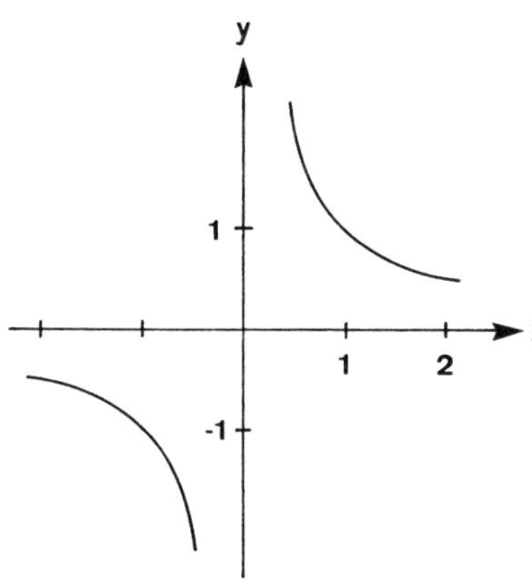

Die Abbildung zeigt eine **Hyperbel.** Es handelt sich dabei um den Graphen der Funktion $f(x) = \frac{1}{x}$, $x \in \mathbb{R} \setminus \{0\}$.

a) Bestimme $f(-1)$ und $f(1)$, $f(-2)$ und $f(2)$, $f(-0{,}5)$ und $f(0{,}5)$ und bestätige, daß gilt: $f(-x) = -f(x)$.

b) Welche Art von Symmetrie liegt vor?

Entsprechend der Symmetrie zur y-Achse formulieren wir:

Der Graph einer Funktion f ist punktsymmetrisch zum Ursprung, wenn gilt:

$f(-x) = -f(x)$

für alle $x \in \mathbb{D}_f$.

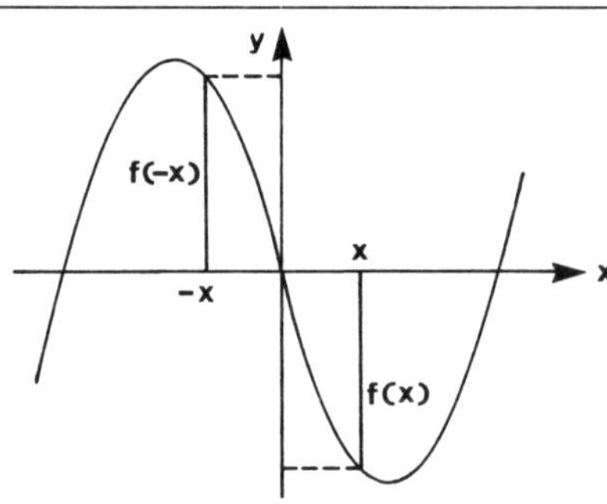

6

Notiere, welche Art der Symmetrie die abgebildeten Funktionsgraphen besitzen, und ob jeweils $f(-x) = f(x)$ oder $f(-x) = -f(x)$ gilt.

a)

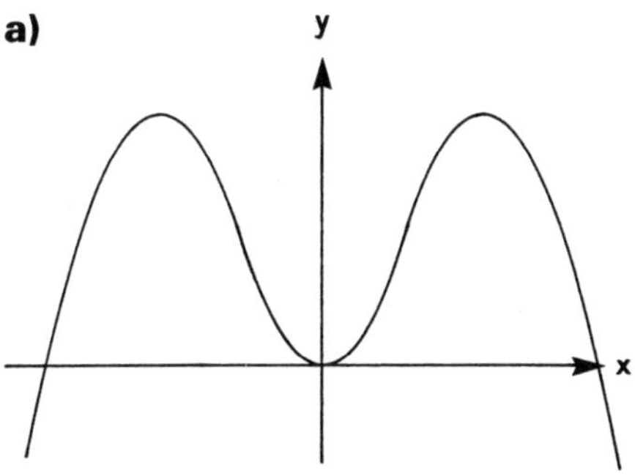

b)

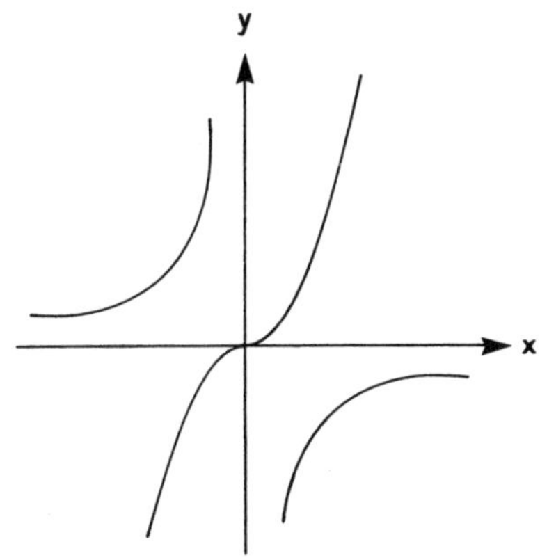

c)

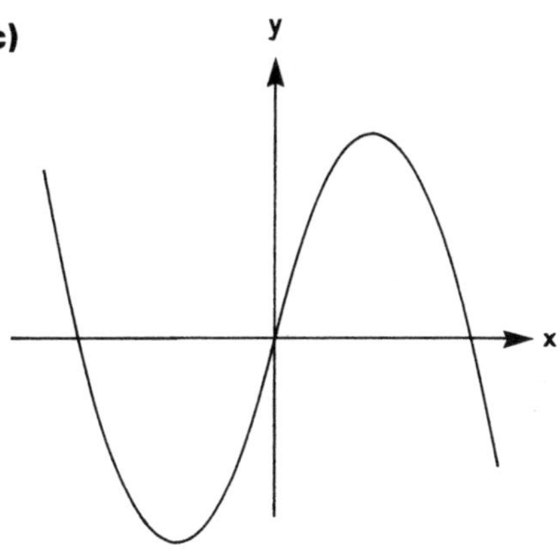

d)

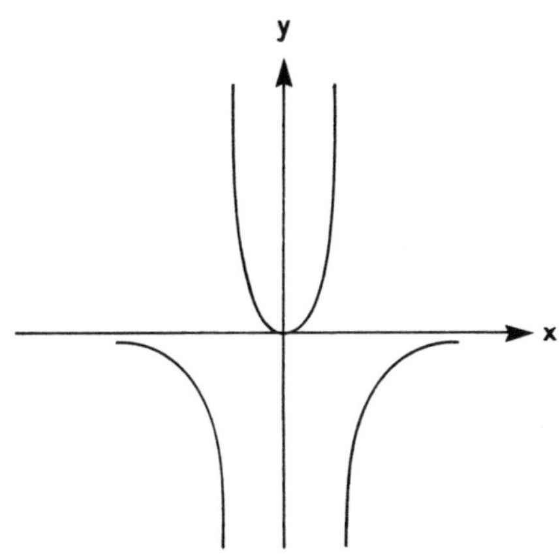

7

Die Funktion $f(x) = x^3 - 6x$ soll auf mögliche Symmetrie hin untersucht werden.

a) Berechne $f(-1)$ und $f(1)$, $f(-2)$ und $f(2)$ sowie $f(-5)$ und $f(5)$.

b) Welche Art von Symmetrie liegt vermutlich vor?

In Aufgabe 7 haben wir zur Symmetrieuntersuchung für willkürlich ausgewählte x-Werte die Funktionswerte bestimmt und verglichen. Diese Methode erfordert einen großen Rechenaufwand und führt zu keinem gesicherten Ergebnis, da wir nur endlich viele Werte untersuchen können und es darüber hinaus noch Funktionswerte geben kann, die nicht wie gewünscht aussehen. Besser ist dagegen die folgende Vorgehensweise.

Beispiel:
Wir betrachten noch einmal $f(x) = x^3 - 6x$.
Setzen wir $-x$ anstatt x in die Funktionsgleichung ein und formen geschickt um, so ergibt sich:

$$\begin{aligned} f(-x) &= (-x)^3 - 6(-x) \\ &= -x^3 + 6x && \text{Klammern auflösen} \\ &= -(x^3 - 6x) && \text{Minuszeichen ausklammern} \\ &= -f(x) && x^3 - 6x = f(x) \text{ ersetzen} \end{aligned}$$

Da diese Umformungen für alle $x \in \mathbb{D}_f$ möglich sind, ist der Funktionsgraph punktsymmetrisch zum Ursprung.

Entsprechend weisen wir die Achsensymmetrie zur y-Achse nach.

Beispiel: $f(x) = 3x^4 - 5x^2 + 12$

$$\begin{aligned} &\text{x durch } -x \text{ ersetzen:} & f(-x) &= 3(-x)^4 - 5(-x)^2 + 12 \\ &\text{Klammern auflösen:} & &= 3x^4 - 5x^2 + 12 \\ & & &= f(x) \end{aligned}$$

Ergebnis: Der Funktionsgraph ist symmetrisch zur y-Achse.

8

Untersuche die Funktionen wie in den Beispielen auf Symmetrie.

- Ersetze in der Funktionsgleichung x durch $-x$.
- Löse die Klammern auf.
- Klammere, falls möglich, einen Faktor -1 aus.
- Vergleiche den Funktionsterm mit $f(x)$.

a) $f(x) = x^4 + 5x^2 - 3$

b) $f(x) = x^5 - 3x^3 + x$

c) $f(x) = x^7 - 4x^5$

d) $f(x) = 3x^6 + 1$

e) $f(x) = 2{,}5x^2 - 8x^4$

f) $f(x) = 9x + x^3$

9

Untersuche $f(x) = \frac{1}{4}x^3 - 3x + 4$ auf Symmetrie. Berechne dazu $f(-1)$ und $f(1)$ und vergleiche sie. Welche Art von Symmetrie liegt demnach vor?

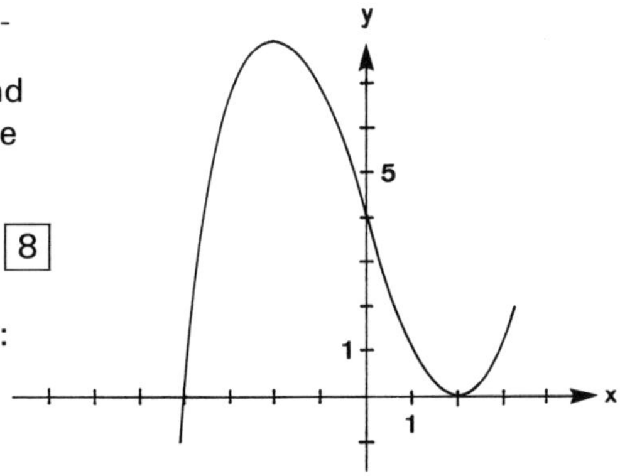

Aufgabe 9 ließe sich auch nach dem in 8 angewendeten Muster lösen.
Wir ersetzen x durch $-x$ und formen um:

$$f(-x) = \frac{1}{4}(-x)^3 - 3(-x) + 4$$

$$= -\frac{1}{4}x^3 + 3x + 4$$

Da dieses Ergebnis weder mit $f(x) = \frac{1}{4}x^3 - 3x + 4$ noch mit $-f(x) = -\frac{1}{4}x^3 + 3x - 4$ übereinstimmt, besitzt der Funktionsgraph keine der gewünschten Symmetrien.

Wir fassen zusammen:

Zur Untersuchung einer Funktion auf Symmetrie ersetzen wir zunächst in der Funktionsgleichung x durch $-x$ und formen dann um.
Ergibt sich daraus
- wieder $f(x)$, so ist der Graph symmetrisch zur y-Achse.
- $-f(x)$, so ist der Graph punktsymmetrisch zum Ursprung.
- weder $f(x)$ noch $-f(x)$, so besitzt der Graph keine der beiden Symmetrien.

10

Stelle fest, ob die Graphen der Funktionen symmetrisch zur y-Achse oder zum Ursprung sind.

a) $f(x) = x^4 - 3x^3 + 3x$

b) $f(x) = 7x^6 + 12$

c) $f(x) = 5x^3 - 6x^5 + 7x$

d) $f(x) = x^2 - 2x + 1$

e) $f(x) = 0{,}5x^4 + 1{,}2x$

f) $f(x) = \frac{2}{3}x^5 + \frac{3}{4}x$

g) $f(x) = 10x^4 + 5x^2 + 2$

h) $f(x) = x^7 - x^3 + x^5$

11

a) Schreibe diejenigen Funktionen aus Aufgabe 10 noch einmal auf, deren Graphen punktsymmetrisch zum Ursprung sind. Welche Zahlen treten als Exponenten auf?

b) Untersuche ebenso die achsensymmetrischen Funktionen. Welche Exponenten finden sich hier? (Beachte: $12 = 12x^0$!)

c) Was kann man über die Exponenten der Funktionen sagen, die keine der beiden Symmetrien besitzen?

Nach diesen Überlegungen lassen sich die **Symmetrieuntersuchungen ganzrationaler Funktionen** auf das bloße Betrachten der auftretenden Exponenten reduzieren. Im einzelnen gilt:

Exponenten von x	Art der Symmetrie
nur gerade	symmetrisch zur y-Achse (Achsensymmetrie)
nur ungerade	symmetrisch zum Ursprung (Punktsymmetrie)
gerade und ungerade	keine Symmetrie

12

Entscheide, welche Art von Symmetrie vorliegt.

a) $f(x) = x^7 - 3x^5 + x$

b) $f(x) = x^5 + 2x^4 - 3x^3 + x^2$

c) $f(x) = x^{11} - 11x$

d) $f(x) = 6x^2 + 10 - 7x^4$

e) $f(x) = 4x^4 - 8$

f) $f(x) = 1 - 2x + 3x^4$

g) $f(x) = x + 3x^3 - 5x^5$

h) $f(x) = 6x^5 - 30$

Die **Symmetrieeigenschaften gebrochen rationaler Funktionen** lassen sich leider mit Hilfe dieser besonders einfachen Methode, für die wir den Beweis hier nicht durchführen wollen, nicht nachweisen.

Beispiel:

Die Funktion $f(x) = \frac{x^2-4}{x}$ besitzt sowohl gerade als auch ungerade Exponenten von x und ist dennoch punktsymmetrisch zum Ursprung. Den Nachweis führen wir wieder mit der in Aufgabe [8] verwendeten Vorgehensweise.

$$f(-x) = \frac{(-x)^2-4}{-x} \qquad \text{x durch } -x \text{ ersetzen}$$

$$= \frac{x^2-4}{-x} \qquad \text{Klammern auflösen}$$

$$= -\frac{x^2-4}{x} \qquad \text{Minuszeichen ausklammern}$$

$$= -f(x)$$

13

Untersuche entsprechend:

a) $f(x) = \frac{x}{x^2+4}$

b) $f(x) = \frac{x^2+2}{x^2-2}$

c) $f(x) = \frac{1}{x^2-x}$

d) $f(x) = \frac{2x}{x+2}$

e) $f(x) = \frac{x^2}{x^2+1}$

f) $f(x) = \frac{x^2+2x+1}{x^2+1}$

g) $f(x) = \frac{3x+4}{x^2}$

h) $f(x) = \frac{x^3+x}{x^3}$

i) $f(x) = \frac{x^3}{x^2+3}$

j) $f(x) = \frac{5-3x^2}{6x}$

14

Wir schreiben die punkt- bzw. achsensymmetrischen Funktionen aus Aufgabe [13] noch einmal gesondert auf.

a) Lege eine Tabelle an:

Funktion	Zähler der Funktion	Nenner der Funktion	Art der Symmetrie

b) Welche Exponenten tauchen im Zähler bzw. Nenner punktsymmetrischer Funktionen auf?

c) Untersuche entsprechend die achsensymmetrischen Funktionen.

d) In welchen Fällen besitzen die Funktionen keine Symmetrie?

Zusammenfassend können wir für die **Symmetrieeigenschaften gebrochen rationaler Funktionen** folgende Regeln formulieren:

Exponenten von x	Art der Symmetrie
in Zähler und Nenner nur gerade oder nur ungerade	symmetrisch zur y-Achse
im Zähler nur gerade und im Nenner nur ungerade oder im Zähler nur ungerade und im Nenner nur gerade	symmetrisch zum Ursprung

15

Stelle fest, welche Symmetrien die Funktionsgraphen besitzen.

a) $f(x) = \frac{x^2 - 3}{6x^2}$

b) $f(x) = \frac{3x^2 - x}{2x + 1}$

c) $f(x) = \frac{15}{x^3 - 2x}$

d) $f(x) = \frac{15x}{x^3 - 2x}$

e) $f(x) = \frac{x^2 + x + 1}{x^3}$

f) $f(x) = \frac{x^2 + 1}{x^3}$

g) $f(x) = \frac{1}{x^3 + x + 1}$

h) $f(x) = \frac{-1}{x^3 + x}$

3. Nullstellen

Die Nullstellen einer Funktion sind die Stellen, an denen der Funktionswert (y-Wert) $f(x)=0$ auftritt. Hier schneidet der Graph die x-Achse. Wenn man die Nullstellen einer Funktion berechnet hat, kann man sich einen ersten Eindruck vom Verlauf des Graphen verschaffen.

1

Abgebildet ist der Graph der Funktion

$$f(x) = \frac{1}{2}x^3 - \frac{1}{2}x^2 - 3x.$$

a) An welchen Stellen schneidet der Graph die x-Achse?

b) Bestimme $f(0)$, $f(3)$ und $f(-2)$.

c) Welches sind also die Nullstellen der Funktion?

d) Gibt es noch weitere Stellen, für die sich der Funktionswert 0 ergibt?

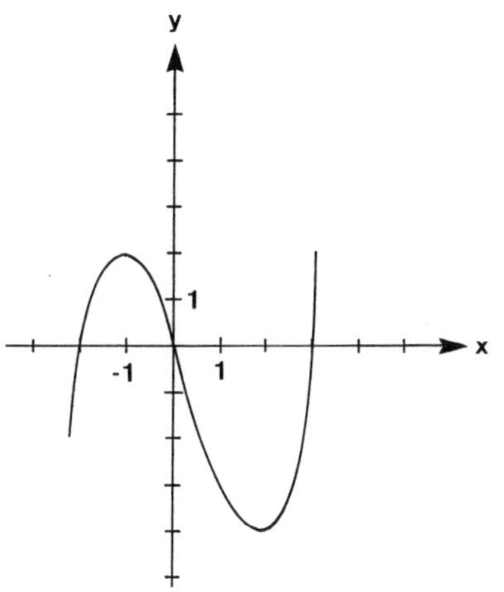

Wir wollen die Nullstellen der Funktion $f(x) = \frac{1}{2}x^3 - \frac{1}{2}x^2 - 3x$ nun auch rechnerisch bestimmen. Dazu erinnern wir uns daran, daß an den Nullstellen und nur an ihnen der Funktionswert $f(x)=0$ auftaucht.
Wir können daher schreiben:

$$0 = \frac{1}{2}x^3 - \frac{1}{2}x^2 - 3x.$$

Die Lösungen dieser Gleichung sind dann die gesuchten Nullstellen.
Wir lösen die Gleichung durch Faktorisieren:

$$0 = \frac{1}{2}x^3 - \frac{1}{2}x^2 - 3x \qquad | \cdot 2$$

$$0 = x^3 - x^2 - 6x \qquad \text{x ausklammern}$$

$$0 = x \cdot (x^2 - x - 6) \qquad \text{Faktoren gleich 0 setzen}$$

$$\Rightarrow \quad x = 0 \quad \text{oder} \quad x^2 - x - 6 = 0$$

Eine Lösung ist also $x=0$, die anderen beiden erhalten wir, indem wir die quadratische Gleichung $x^2-x-6=0$ lösen. Hierfür gibt es ja die bekannte Lösungsformel oder den Satz von Vieta.
Danach lauten die zweite und dritte Lösung der Gleichung $x=3$ oder $x=-2$.

Lösen von Gleichungen n-ten Grades (ganzrational)

Wie Sie gesehen haben, muß man, wenn man Nullstellen einer Funktion finden will, die zugehörige Gleichung lösen können. Damit Sie die Technik des Gleichungslösens sicher beherrschen, sollten Sie die folgenden Aufgaben bearbeiten. Wenn Sie jedoch der Meinung sind, daß Sie eine derartige Wiederholung nicht benötigen, können Sie diese Aufgaben überspringen.

Eine Gleichung $a_n x^n + a_{n-1} x^{n-1} + a_{n-2} x^{n-2} + \ldots + a_2 x^2 + a_1 x + a_0 = 0$ mit $n \in \mathbb{N}$ und $a_n, a_{n-1}, \ldots, a_1, a_0 \in \mathbb{R}$, $a_n \neq 0$ heißt **Gleichung n-ten Grades.** Sie besitzt höchstens n Lösungen.

Hat man eine Lösung x_0 gefunden, so läßt sich die Gleichung schreiben als $(x-x_0)\cdot$Restpolynom$\,=0$. Dabei ist $(x-x_0)$ ein sogenannter **Linearfaktor,** und das Restpolynom hat einen um 1 kleineren Grad.

Praktisch bedeutet dies, daß sich mit jeder gefundenen Lösung der Grad des verbleibenden Polynoms und damit der verbleibenden Gleichung reduzieren läßt, bis schließlich eine quadratische Gleichung (Gleichung zweiten Grades) übrig bleibt.
Die Schwierigkeit liegt folglich zunächst darin, überhaupt erst einmal Lösungen zu finden, denn nur dann kann man den Grad der Gleichung reduzieren. Leider gibt es für Gleichungen mit einem Grad von 3 oder größer kein einfaches und allgemein gültiges Verfahren zum Ermitteln von Lösungen, und viele Gleichungen vierten Grades besitzen überhaupt keine Lösungen.

Beispiel:
Gegeben sei die Gleichung vierten Grades

$$x^4+5x^3+2x^2-9x-2=0.$$

Eine Lösung dieser Gleichung ist $x_0=-2$.
Wir können die Gleichung daher schreiben als

$$(x+2)\cdot \text{Restpolynom} = 0,$$

wobei das Restpolynom nur noch den Grad 3 hat.

Das Restpolynom berechnen wir mit Hilfe der **Polynomdivision:**

$$\begin{array}{l}
(x^4+5x^3+2x^2-9x-2):(x+2)=x^3+3x^2-4x-1 \\
-\underline{(x^4+2x^3)} \\
\qquad 3x^3+2x^2-9x-2 \\
\quad -\underline{(3x^3+6x^2)} \\
\qquad\qquad -4x^2-9x-2 \\
\qquad\quad -\underline{(-4x^2-8x)} \\
\qquad\qquad\qquad -x-2 \\
\qquad\qquad\quad -\underline{(-x-2)} \\
\qquad\qquad\qquad\quad 0
\end{array}$$

Ergebnis: Die Gleichung $x^4+5x^3+2x^2-9x-2=0$ läßt sich schreiben als $(x+2)\cdot(x^3+3x^2-4x-1)=0$.
Will man weitere Lösungen ermitteln, so braucht man nun nur noch die Gleichung $x^3+3x^2-4x-1=0$ zu betrachten.

2

Bearbeite wie im Beispiel:

a) $x^3-9x^2+20x-12=0; \quad x_0=2$

b) $x^4+3x^3-x^2-x+2=0; \quad x_0=-1$

c) $x^4+3x^3-4x^2-9x+9=0; \quad x_0=-3$

d) $x^3-7x^2+14x-6=0; \quad x_0=3$

e) $x^4-3{,}5x^3-x^2+2x-24=0; \quad x_0=4$

f) $x^3-1=0; \quad x_0=1$

g) $x^4-2x^2+1=0; \quad x_0=-1$

h) $x^4+2x^3-3x-6=0; \quad x_0=-2$

i) $x^3-4x^2+4x-16=0; \quad x_0=4$

j) $x^4+5x^3+6x^2-6x-18=0; \quad x_0=-3$

Hat man bei Gleichungen dritten Grades eine oder bei Gleichungen vierten Grades zwei Lösungen durch Probieren gefunden, so ist jeweils noch eine **quadratische Gleichung** zu lösen. Dazu benutzen wir die aus dem 9. Schuljahr bekannte Lösungsformel:

Die Lösungen einer quadratischen Gleichung $x^2+px+q=0$ mit $p, q \in \mathbb{R}$ lassen sich mit Hilfe der Formel

$$x_{1;2} = -\frac{p}{2} \pm \sqrt{\frac{p^2}{4} - q} \quad \text{ermitteln.}$$

Ist dabei

$\frac{p^2}{4} - q > 0$, so besitzt die Gleichung zwei Lösungen,

$\frac{p^2}{4} - q = 0$, eine Lösung,

$\frac{p^2}{4} - q < 0$, keine Lösung.

Beispiel:

1. Gegeben sei die Gleichung $2x^2+4x-30=0$.

$2x^2+4x-30=0$	$\vert :2$	Normalform erzeugen
$x^2+2x-15=0$		p und q ablesen
$p=2;\quad q=-15$		Lösungsformel verwenden

$$x_{1;2} = -\frac{2}{2} \pm \sqrt{\frac{2^2}{4} + 15} = -1 \pm \sqrt{1+15} = -1 \pm \sqrt{16} = -1 \pm 4$$

Die Gleichung besitzt zwei Lösungen, und zwar $x_1 = -1+4 = 3$ und $x_2 = -1-4 = -5$.

$\mathbb{L} = \{3; -5\}$

2. Welche Lösungen besitzt die Gleichung $0{,}5x^2-2x+4=0$?

$0{,}5x^2-2x+4=0$	$\vert \cdot 2$	Normalform erzeugen
$x^2-4x+8=0$		p und q ablesen
$p=-4;\quad q=8$		Lösungsformel verwenden

$$x_{1;2} = -\frac{-4}{2} \pm \sqrt{\frac{4^2}{4} - 8} = 2 \pm \sqrt{4-8} = 2 + \sqrt{-4}$$

Die Gleichung besitzt keine Lösung.

$\mathbb{L} = \{\ \}$

3

Löse wie in den Beispielen:

a) $3x^2-15x+18=0$

b) $\frac{1}{2}x^2+\frac{3}{2}x-2=0$

c) $4x^2-4x+1=0$

d) $2x^2-6x+12=0$

e) $0{,}2x^2+x+1{,}2=0$

f) $x^2+9x+20=0$

g) $8x^2-16x-192=0$

h) $6x^2-5x+1=0$

i) $4x^2+8x+18=0$

j) $4x^2+8x+4=0$

k) $5x^2-60x+100=0$

l) $0{,}5x^2-6{,}5x+21=0$

Die in Aufgabe 2 und 3 verwendeten Techniken helfen uns, die Lösungen von Gleichungen höheren Grades zu bestimmen.

Beispiel:
$x^3-6x^2+3x+10=0$

1. Probieren:

   Man sollte mit den ganzzahligen Teilern des absoluten Gliedes beginnen, hier 1, −1, 2, −2, 5, −5, −10 und 10. Diese Werte werden nacheinander in die Gleichung eingesetzt. (Hierzu eignet sich auch das Horner-Schema!)

   $x=1$: $1^3-6\cdot 1^2+3\cdot 1+10=1-6+3+10=8\neq 0$
   1 ist keine Lösung.

   $x=-1$: $(-1)^3-6\cdot(-1)^2+3\cdot(-1)+10$
   $=-1-6-3+10=0$
   −1 ist Lösung!

2. Polynomdivision:

$$
\begin{array}{l}
(x^3-6x^2+3x+10):(x+1)=x^2-7x+10\\
-(x^3+x^2)\\
\qquad -7x^2+3x+10\\
\qquad -(-7x^2-7x)\\
\qquad\qquad 10x+10\\
\qquad\qquad -(10x+10)\\
\qquad\qquad\qquad 0
\end{array}
$$

   Damit können wir die Gleichung auch schreiben als

   $(x+1)\cdot(x^2-7x+10)=0$

   und müssen nur noch die Lösungen von $x^2-7x+10=0$ suchen.

3. Lösen der quadratischen Gleichung:

Die Gleichung liegt schon in Normalform vor, es ist

$p = -7$ und $q = 10$.

Einsetzen in die Lösungsformel liefert:

$$x_{1;\,2} = -\frac{-7}{2} \pm \sqrt{\frac{7^2}{4} - 10} = \frac{7}{2} \pm \sqrt{\frac{49-40}{4}} = \frac{7}{2} \pm \sqrt{\frac{9}{4}} = \frac{7}{2} \pm \frac{3}{2}$$

Die beiden anderen Lösungen sind:

$$x = \frac{7}{2} + \frac{3}{2} = 5 \quad \text{oder} \quad x = \frac{7}{2} - \frac{3}{2} = 2.$$

Ergebnis: Die Gleichung besitzt die Lösungen -1, 2 und 5.

4

Ermittle sämtliche Lösungen der Gleichungen.

- Finde mindestens eine Lösung durch Probieren. Beginne mit den ganzzahligen Teilern des absoluten Gliedes.
- Verringere den Grad der noch zu untersuchenden Gleichung durch Polynomdivision.
- Löse die verbleibende quadratische Gleichung mit Hilfe der Lösungsformel.

a) $x^3 - 4x^2 - 4x + 16 = 0$

b) $x^3 - 6x^2 - 7x + 60 = 0$

c) $2x^3 - 11x^2 - 38x - 16 = 0$

d) $x^3 - 4x^2 + 3x - 12 = 0$

e) $x^3 + x^2 - 8x - 12 = 0$

f) $9x^3 + 36x^2 + 29x + 6 = 0$

g) $2x^3 + x^2 - 8x + 5 = 0$

h) $x^3 - 2x^2 + 4x - 8 = 0$

5

Wie lauten die Nullstellen der Funktionen?

a) $f(x) = x^3 - 3x^2 - 9x - 5$

b) $f(x) = x^4 - x^3 - 6x - 36$

c) $f(x) = x^4 + 3x^2 - 4$

d) $f(x) = 3x^3 + 22x^2 + 48x + 32$

e) $f(x) = x^4 + 8x^3 + 17x^2 + 8x + 16$

f) $f(x) = 5x^4 - 39x^2 - 54$

g) $f(x) = 6x^4 + 34x^3 + 60x^2 + 24x - 16$

h) $f(x) = x^4 + 7x^3 + 5x^2 - 49x - 84$

Leider gibt es kein einfaches allgemein gültiges Verfahren, um die Lösungen von Gleichungen dritten oder höheren Grades zu ermitteln. Allenfalls kann man sich mit Näherungsverfahren wie der Regula falsi oder dem Newtonschen Verfahren behelfen, die wir hier nicht herleiten wollen. Wir sind daher häufig zunächst auf das **Probieren** angewiesen. In einigen Sonderfällen kommt man allerdings schneller zum Ziel, wie die folgenden Aufgaben belegen.

6

Die Gleichung $x^3 - 8x^2 + 12x = 0$ besitzt kein absolutes Glied.

a) Welche Zahl kann man sofort als Lösung angeben?

b) Klammere auf der linken Gleichungsseite den Faktor x aus. Welcher Term steht dann in der Klammer?

c) Bestimme die beiden anderen Lösungen.

7

Löse die Gleichungen. Klammere zunächst x oder x^2 aus.

a) $x^3 + 8x^2 + 7x = 0$

b) $2x^4 - x^3 - 6x^2 = 0$

c) $3x^4 - 10x^3 - 8x^2 = 0$

d) $x^3 + 2x^2 + 7x = 0$

e) $2x^3 - 3x^2 - 5x = 0$

f) $x^4 - 6x^3 + 9x^2 = 0$

8

Die Gleichung $x^4 - 5x^2 + 4 = 0$ ist eine **biquadratische Gleichung.** Die Variable x taucht nur mit geraden Exponenten auf.

a) Ersetze in der Gleichung jedes x^2 durch z. (Man nennt das eine **Substitution**.) Welche quadratische Gleichung ergibt sich?

b) Löse die Gleichung in z.

c) Führe eine Rücksubstitution durch, d. h. setze die für z gefundenen Lösungen jeweils gleich x^2. Welche Zahlen sind jetzt die Lösungen in x?

9

Löse die biquadratichen Gleichungen. Ersetze zunächst x^2 durch z.

a) $x^4-3x^2-4=0$

b) $x^4-10x^2+9=0$

c) $2x^4+7{,}5x^2-2=0$

d) $4x^4-3x^2-13{,}5=0$

e) $2x^4+3x^2+1=0$

f) $x^4-4{,}25x^2+1=0$

Nullstellen ganzrationaler Funktionen

Nachdem wir uns bisher mit der Technik des Findens von Nullstellen vertraut gemacht haben, sollen noch einige Gedanken über Anzahl und Art von Nullstellen folgen.

10

Gegeben sei die Funktion f: $x \mapsto f(x)=x^4-2x^3-7x^2+8x+12$.

a) Berechne ihre Nullstellen.

b) Bestätige, daß die Funktion $g: x \mapsto g(x)=(x+1)\cdot(x+2)\cdot(x-3)\cdot(x-2)$ dieselben Nullstellen besitzt.

c) Zeige, daß $f(x)=g(x)$ ist. Multipliziere dazu den Funktionsterm von $g(x)$ aus.

11

Gib eine Funktion an, die die Nullstellen $x=-4$, $-0{,}5$, 1 und 6 besitzt. Schreibe den Funktionsterm als Produkt von Linearfaktoren und multipliziere dann aus.

12

a) Nenne jeweils eine Funktion vierten Grades, die drei, zwei, eine oder keine Nullstelle hat. Benutze die Funktionen oder Gleichungen der Aufgaben 5, 7 und 9.

b) Gibt es eine Funktion vierten Grades, die mehr als vier Nullstellen aufweist?

13

Abgebildet sind die Graphen einiger ganzrationaler Funktionen vierten Grades. Ordnen Sie sie den folgenden Funktionsgleichungen zu. Bestimmen Sie, falls nötig, jeweils die Anzahl der Nullstellen.

α) $f(x)=\frac{1}{5}x^4$ **β)** $f(x)=4x^4-17x^2+4$ **γ)** $f(x)=x^4-5x^2+9$

δ) $f(x)=x^4+2x^3-4x^2-8x$ **ε)** $f(x)=x^4+x^3-5x^2+x-6$

a)

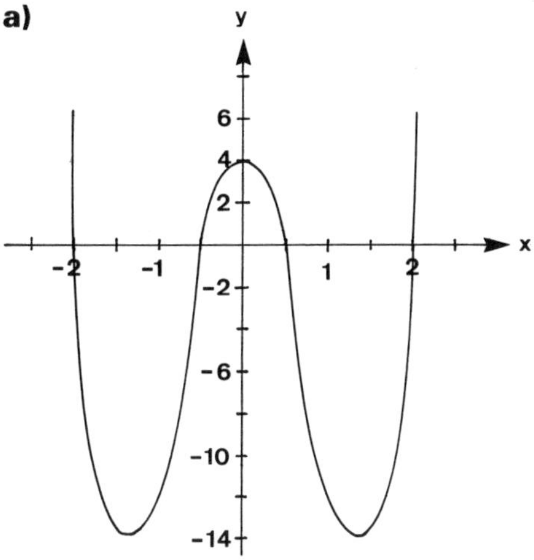

b)

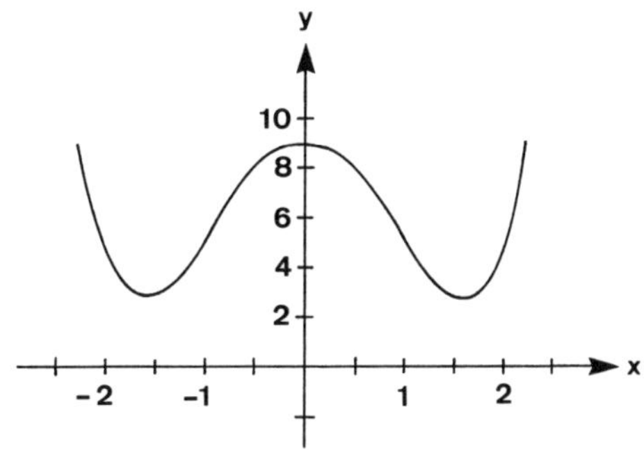

c)

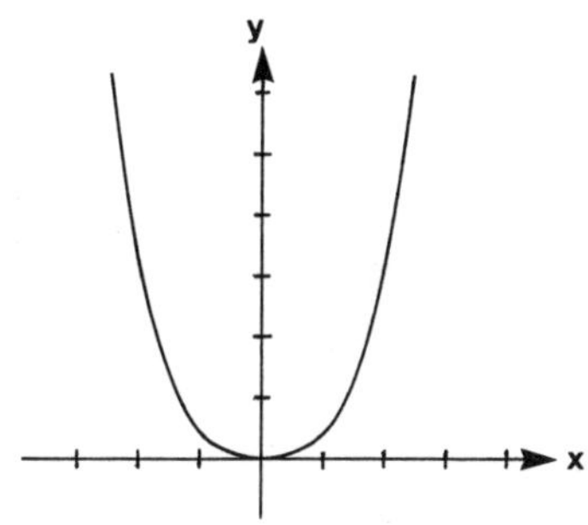

d)

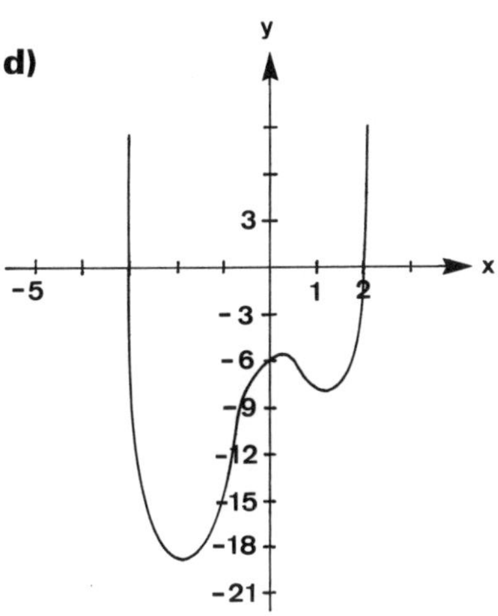

e)

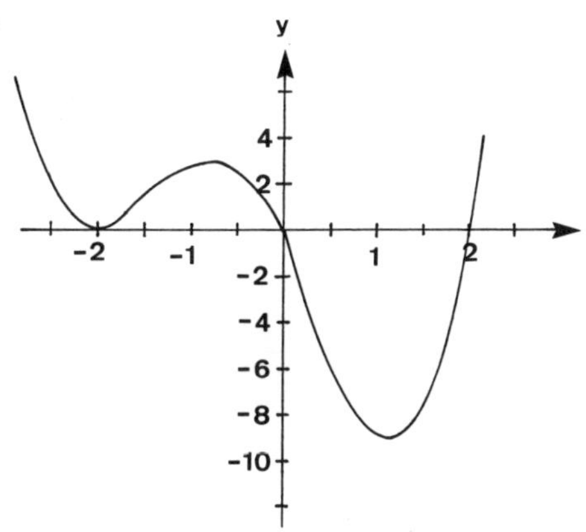

14

Gegeben sind Funktionen dritten Grades. Notiere jeweils die Anzahl der Nullstellen.

a) $f(x)=x^3-3x^2-9x-5$ **b)** $f(x)=x^3$

c) $f(x)=x^3-4x^2-4x+16$ **d)** $f(x)=x^3-4x^2-3x+12$

15

Ordne die Funktionen aus Aufgabe 14 den abgebildeten Graphen zu.

α)

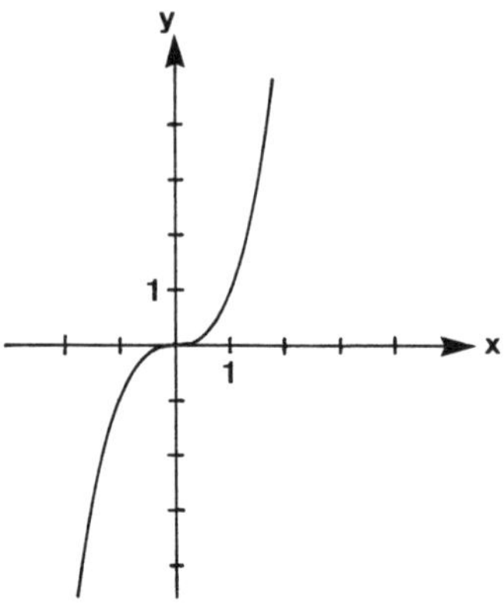

β)

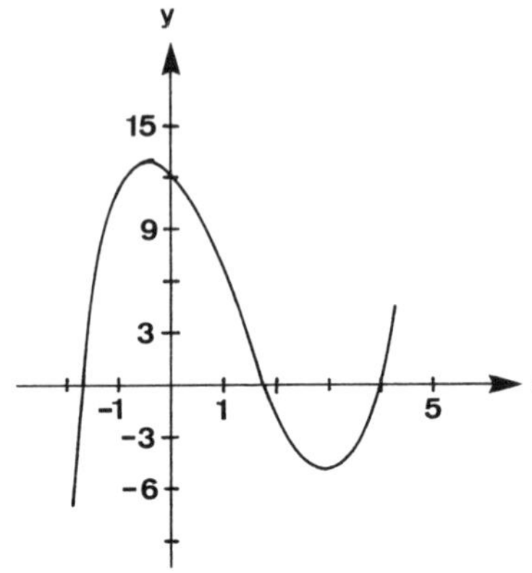

γ)

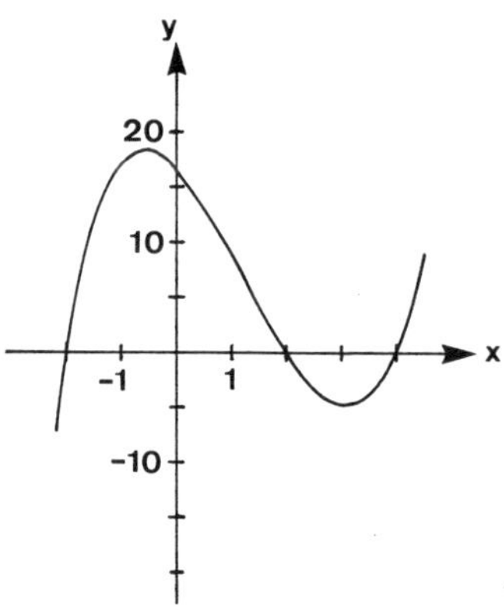

δ)

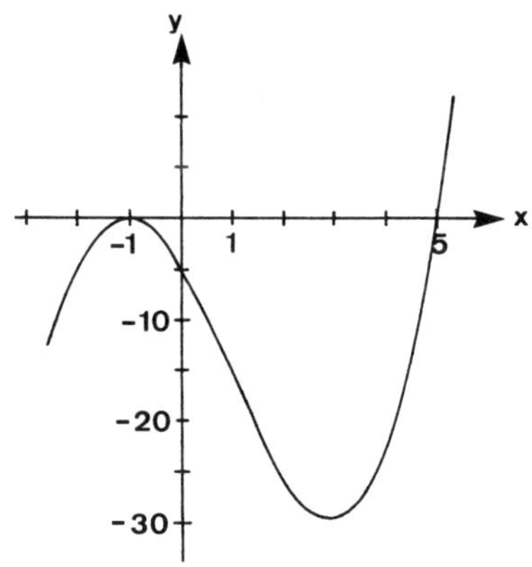

Wir wollen uns die Graphen der vorangegangenen Aufgaben noch einmal im Zusammenhang ansehen. Dabei stellen wir fest:

1. Die Funktionen vierten Grades haben nicht mehr als vier, die dritten Grades nicht mehr als drei Nullstellen. Dies ist leicht einzusehen, denn zu jeder Nullstelle gehört ein Linearfaktor, und ein Polynom vierten Grades läßt sich in höchstens vier, ein Polynom dritten Grades in höchstens drei Linearfaktoren aufspalten.

2. Es gibt Funktionen vierten Grades, die keine Nullstellen besitzen. Dagegen haben Funktionen dritten Grades immer mindestens eine Nullstelle. Die Begründung hierfür läßt sich anschaulich so formulieren: Der Graph einer Funktion vierten Grades kann immer so entlang der y-Achse nach oben oder unten verschoben werden, daß er ganz oberhalb bzw. unterhalb der x-Achse liegt

(vgl. Abb.). Auf diese Weise kann man Funktionen herstellen, die keine Nullstellen besitzen.
Bei den Funktionen dritten Grades ist dies nicht möglich. So weit der Graph auch verschoben wird, eine Nullstelle bleibt immer übrig.

Funktionen vierten Grades:

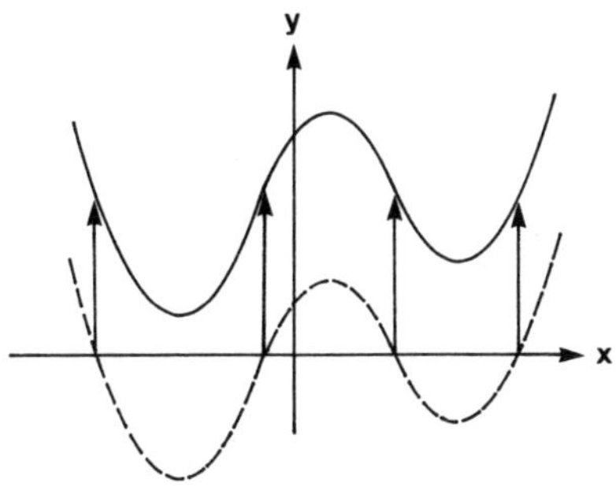

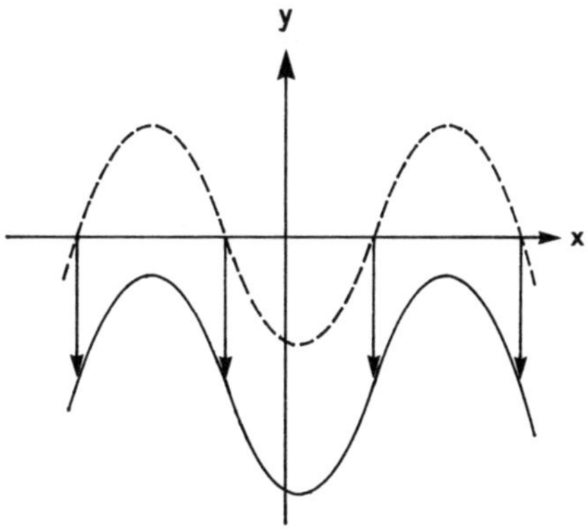

Funktionen dritten Grades:

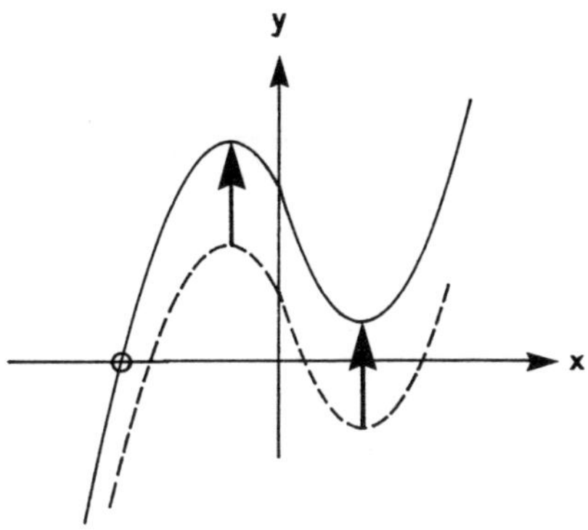

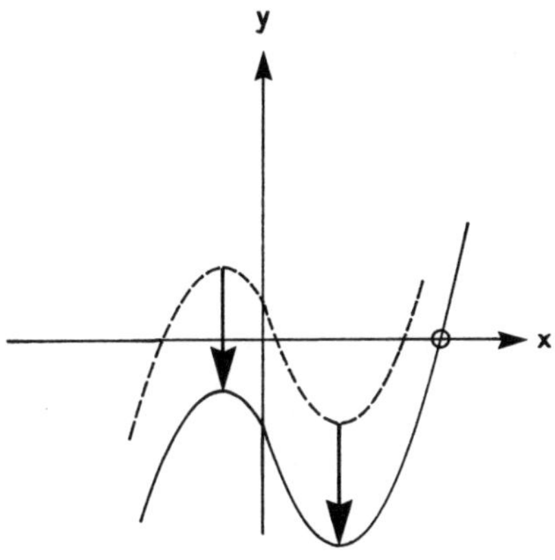

Unsere Untersuchungen lassen sich verallgemeinern und lauten dann so:

Wir fassen zusammen:

- Ganzrationale Funktionen n-ten Grades können höchstens n Nullstellen besitzen.
- Ist n eine ungerade Zahl, so besitzen sie mindestens eine Nullstelle.
- Bei geradem n kann es Funktionen ohne Nullstellen geben.

16

Die Funktion $f(x) = \frac{1}{4}x^3 - 3x + 4$

besitzt den nebenstehenden Graphen.

a) Lies die Nullstellen in der Abbildung ab.

b) Berechne die Nullstellen und vergleiche sie mit den abgelesenen Werten.

c) Berechne $f(-5)$ und $f(-3)$ und vergleiche ihre Vorzeichen.

d) Welches Vorzeichen haben $f(1)$ bzw. $f(3)$?

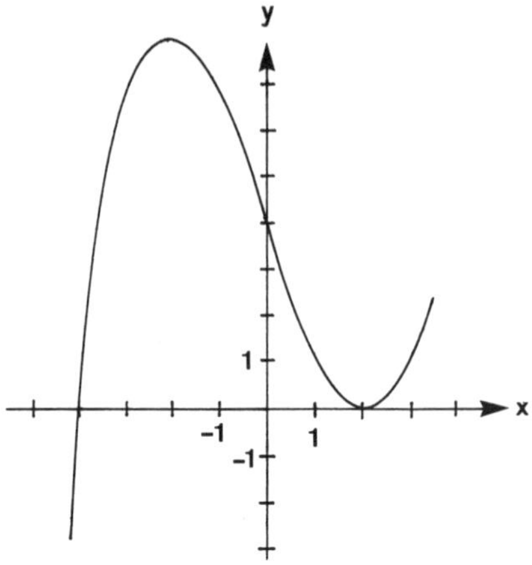

Offensichtlich gibt es verschiedene Arten von Nullstellen. An der Stelle $x = -4$ schneidet der Graph die x-Achse, während er sie an der Stelle $x = 2$ berührt.
Im ersten Fall liegt eine Nullstelle mit Vorzeichenwechsel vor, das heißt, die Funktionswerte ändern ihre Vorzeichen beim Durchlaufen der Nullstelle von − nach + oder von + nach −.
Im zweiten Fall liegt eine Nullstelle ohne Vorzeichenwechsel vor, die Funktionswerte unmittelbar rechts und links der Nullstelle sind gleichzeitig positiv oder gleichzeitig negativ.

17

Fülle die Lücken mit den geeigneten Wörtern (mit, ohne, positiv, negativ) aus:

a)

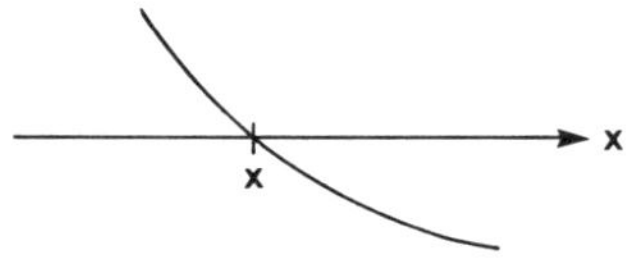

Nullstelle ________ Vorzeichenwechsel
Funktionswerte
________ 0 ________

b)

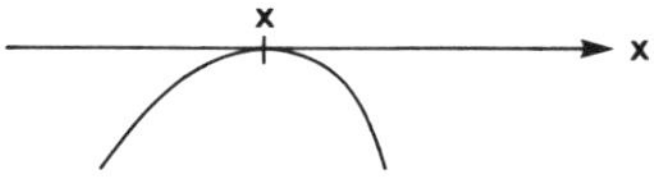

Nullstelle ________ Vorzeichenwechsel
Funktionswerte
________ 0 ________

Wir wollen nun sehen, wie sich dieser qualitative Unterschied zwischen den Nullstellen rechnerisch darstellt.

Beispiel:
Gegeben sei wieder die Funktion $f(x) = \frac{1}{4}x^3 - 3x + 4$ aus Aufgabe **16**.

Wir wissen, daß die Funktion die Nullstellen $x = -4$ und $x = 2$ hat und wollen den Funktionsterm so schreiben, daß die Nullstellen darin sichtbar vorkommen:

$\frac{1}{4}x^3 - 3x + 4$ — Faktor $\frac{1}{4}$ ausklammern.

$= \frac{1}{4}(x^3 - 12x + 16)$ — Da -4 eine Nullstelle ist, läßt sich der Inhalt der Klammer in der Form $(x+4)\cdot$ Rest schreiben. Der Rest wird über die Polynomdivision ermittelt.

$= \frac{1}{4}(x+4)\cdot(x^2 - 4x + 4)$ — Der Inhalt der zweiten Klammer kann mittels erneuter Polynomdivision faktorisiert werden. (Hier ließe sich auch leicht die zweite binomische Formel anwenden.)

$= \frac{1}{4}(x+4)\cdot(x-2)\cdot(x-2)$

$= \frac{1}{4}(x+4)\cdot(x-2)^2$

Ergebnis: Der Funktionsterm kann als Produkt von Linearfaktoren geschrieben werden. Dabei taucht der Linearfaktor $(x+4)$ im Funktionsterm einmal, der Faktor $(x-2)$ dagegen zweimal auf.
Wir nennen die Nullstelle $x = -4$ eine <u>einfache</u>, $x = 2$ eine <u>doppelte Nullstelle</u>.

18

Untersuche, ob die angegebenen Nullstellen bei den folgenden Funktionen einfach, doppelt oder noch häufiger auftreten. Zerlege dazu wie im Beispiel den Funktionsterm in Linearfaktoren.

a) $f(x) = x^3 + 10x^2 + 28x + 24;\quad x = -2$ oder $x = -6$

b) $f(x) = x^4 + 4x^3 - 2x^2 - 12x + 9;\quad x = -3$ oder $x = 1$

c) $f(x) = 4x^3 - 16x^2 + 5x + 25;\quad x = -1$ oder $x = 2{,}5$

d) $f(x) = \frac{1}{3}x^3 + x^2 + \frac{1}{3}x + 1;\quad x = -3$

e) $f(x) = x^4 - x^3 - 3x^2 + 5x - 2;\quad x = -2$ oder $x = 1$

f) $f(x) = x^4 - 8x^3 + 19x^2 - 24x + 48;\quad x = 4$

19 Betrachte die Graphen der Funktionen aus Aufgabe 13.

a) Gib zu jeder Nullstelle an, ob sie einfach, doppelt oder noch häufiger auftritt.

b) Welche dieser Nullstellen sind mit, welche ohne Vorzeichenwechsel?

20 Untersuche ebenso die Funktionen aus Aufgabe 15.

Allgemein gilt:

Besitzt eine Funktion eine einfache, dreifache, fünffache, ... Nullstelle, so wechselt sie dort auch das Vorzeichen.

Bei doppelten, vierfachen, sechsfachen, ... Nullstellen findet kein Vorzeichenwechsel statt.

Anschauliche Erklärung:
Eine Funktion besitze zwei einfache Nullstellen. Rücken diese immer weiter aufeinander zu, so entsteht eine doppelte Nullstelle. Die beiden Vorzeichenwechsel werden dabei aufgehoben, der Graph bleibt oberhalb (bzw. unterhalb) der x-Achse.

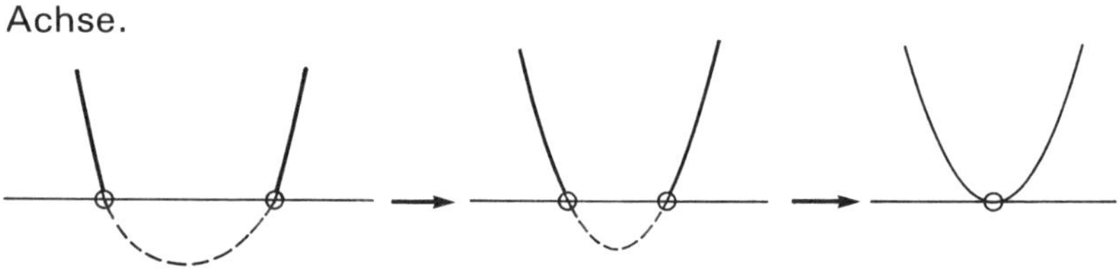

Aus drei einfachen Nullstellen wird entsprechend eine dreifache. Hier bleibt der Vorzeichenwechsel letztlich erhalten. Der Graph schneidet einmal die x-Achse.

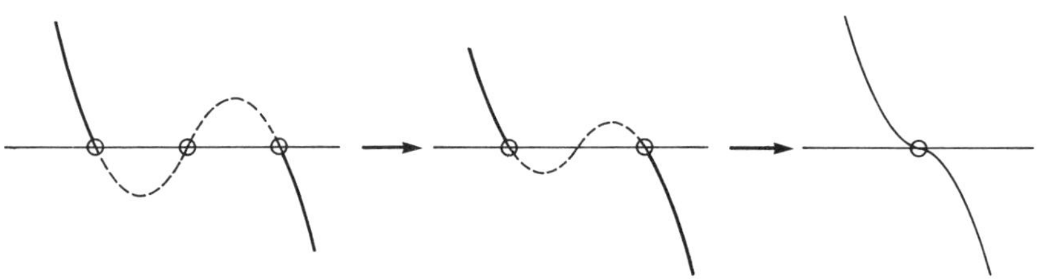

21

Bestimme die Nullstellen der Funktionen. Gib an, welche Art von Nullstelle jeweils vorliegt. Mache eine Aussage über den Vorzeichenwechsel.

a) $f(x) = x^3 + 4x^2 + x - 6$

b) $f(x) = -0{,}5x^3 + 4$

c) $f(x) = x^4 + 10x^3 + 25x^2$

d) $f(x) = x^4 + 4x^3 + 8x^2 + 16x + 16$

e) $f(x) = 6x^3 - 13x^2 + 6x$

f) $f(x) = -x^4 + 7x^3 - 17x^2 + 17x - 6$

Nullstellen gebrochen rationaler Funktionen

22

Welcher der folgenden Brüche hat den Wert 0?

$\frac{5}{5}$; $\frac{5}{0}$; $\frac{0}{5}$; $\frac{0}{0}$; $\frac{5}{10\,000\,000\,000}$?

Wann hat ein Bruch den Wert 0?
Nur dann, wenn der Zähler gleich 0 ist, der Nenner aber ungleich 0.

Entsprechendes gilt für die gebrochen rationalen Funktionen:

Beispiel:

$$f(x) = \frac{x^2-4}{x+3} \qquad \mathbb{D} = \mathbb{R} \setminus \{-3\}$$

Setzen wir $f(x) = 0$, so ergibt sich:

$$0 = \frac{x^2-4}{x+3} \qquad | \cdot (x+3)$$

$$0 = x^2 - 4$$

Die Nullstellen der gebrochen rationalen Funktionen ergeben sich daher immer aus den Nullstellen des Zählers. Diese wiederum bestimmen wir genauso wie die Nullstellen einer ganzrationalen Funktion.
Das ist so einfach, wie es klingt, aber leider gibt es noch einige Sonderfälle. Wenn nämlich Zähler und Nenner dieselbe Nullstelle besitzen, treten Probleme auf, und diese Fälle wollen wir im folgenden Kapitel zusammenhängend behandeln.

4. Definitionslücken

Da ganzrationale Funktionen auf ganz $\mathbb{R}$ definiert sind, besitzen sie keine Definitionslücken und kommen in diesem Kapitel nicht vor.

1

Gegeben sei die Funktion $f\colon x \mapsto f(x) = \frac{2x+2}{x+1}$.

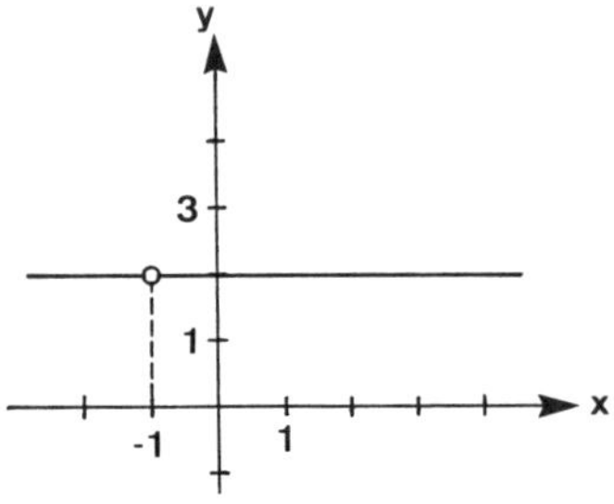

a) Notiere die Definitionsmenge.

b) Wähle drei x-Werte aus der Definitionsmenge und berechne die zugehörigen Funktionswerte. Was fällt dabei auf?

c) Der Graph der Funktion ist hier abgebildet. Weshalb kann der Funktionswert an der Stelle $x = -1$ nicht gebildet werden?

d) Zeichne den Graphen der Funktion $g\colon x \mapsto g(x) = 2$.

e) Wodurch unterscheiden sich die Graphen von f und g?

2

Vergleiche die beiden Funktionen $f\colon x \mapsto f(x) = \frac{x^2-x-2}{x-2}$ und $g\colon x \mapsto g(x) = x+1$ miteinander.

a) Notiere die Definitionsmengen.

b) Bestimme jeweils die Funktionswerte für $x = 0$, 1, -3 und $1{,}5$ und vergleiche sie.

c) Abgebildet sind die Graphen von f und g. Bestätige, daß der Graph von f an der Stelle $x = 2$ nicht gezeichnet werden kann.

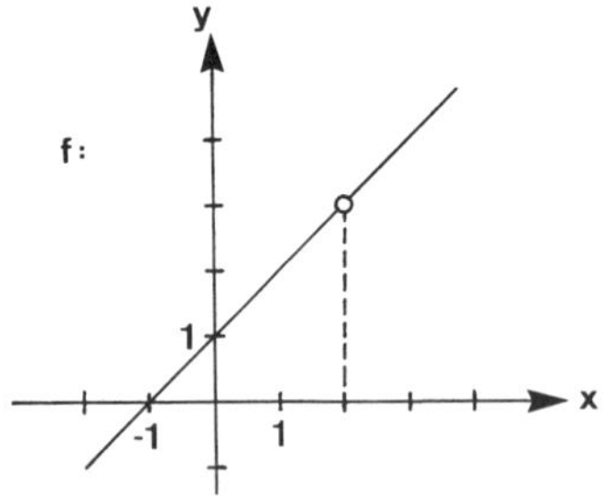

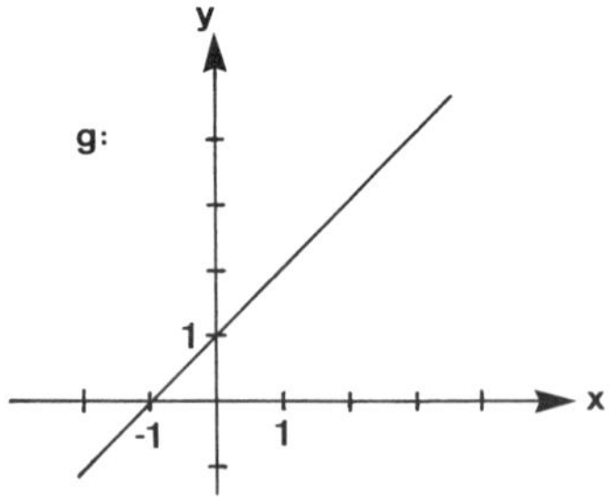

In Aufgabe 1 und 2 wurden jeweils zwei Funktionen untersucht, und zwar eine gebrochen rationale und eine ganzrationale. Verblüffend dabei war, daß die Funktionen trotz unterschiedlicher Funktionsgleichungen in fast allen Funktions-

werten übereinstimmten. Lediglich an der Stelle, an der die jeweils gebrochen rationale Funktion nicht definiert ist, gibt es einen Unterschied. Ihr Graph besitzt dort nämlich eine **Lücke,** d. h. genau ein Punkt fehlt.
Um festzustellen, daß wirklich nur genau ein Punkt fehlt, wollen wir uns dieser kritischen Stelle annähern. Dabei hilft uns die Grenzwertrechnung.

3

a) Setze in der Funktionsgleichung $f(x) = \frac{x^2 - x - 2}{x - 2}$ für x nacheinander die Werte 1,5, 1,7, 1,9 und 1,99 ein.

b) Welchem Grenzwert scheinen sich die Funktionswerte anzunähern?

c) Setze nun für x die Werte 2,5, 2,3, 2,1 und 2,01 ein.

d) Nähern sich die Funktionswerte ebenfalls dem Grenzwert 3 an?

In Aufgabe 3 haben wir beobachtet:
Wenn wir von links ($x < 2$) an die kritische Stelle $x = 2$ heranrücken, so nähern sich die Funktionswerte der Zahl 3.
Rücken wir von rechts ($x > 2$) an $x = 2$ heran, so nähern sich die Funktionswerte ebenfalls der Zahl 3.

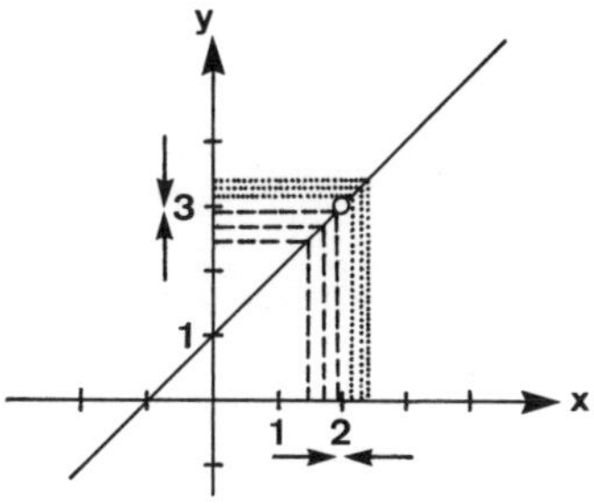

Bei diesem Prozeß können wir der Stelle 2 beliebig nahe kommen, sie selbst jedoch nicht erreichen. Entsprechend werden auch die Funktionswerte nie genau den Wert 3 annehmen.

Dieses anschauliche Ergebnis erhalten wir auch durch die folgende Rechnung: Berechnet werden sollen der linksseitige und der rechtsseitige Grenzwert der Funktion f an der Stelle $x = 2$.

Wir schreiben:

linksseitiger Grenzwert $\lim\limits_{\substack{x \to 2 \\ x < 2}} f(x) = \lim\limits_{\substack{x \to 2 \\ x < 2}} \frac{x^2 - x - 2}{x - 2}$

rechtsseitiger Grenzwert $\lim\limits_{\substack{x \to 2 \\ x > 2}} f(x) = \lim\limits_{\substack{x \to 2 \\ x > 2}} \frac{x^2 - x - 2}{x - 2}$

Bei der Berechnung der beiden Grenzwerte stellen wir fest:

Setzt man im Funktionsterm $\frac{x^2 - x - 2}{x - 2}$ für x die Zahl 2 ein, so ergibt sich im Zähler $2^2 - 2 - 2 = 0$ und im Nenner $2 - 2 = 0$! Die Zahl 2 ist demnach sowohl Nullstelle des Zählers als auch des Nenners.
Folglich muß sich im Zähler der Linearfaktor $(x - 2)$ abspalten lassen.

4

Führe die Polynomdivision $(x^2 - x - 2) : (x - 2)$ durch.

Wir können nun schreiben: $\frac{x^2 - x - 2}{x - 2} = \frac{(x-2)\cdot(x+1)}{x-2} = x + 1$

Die Grenzwertbildung ist jetzt einfach:

linksseitiger Grenzwert $\lim\limits_{\substack{x \to 2 \\ x < 2}} f(x) = \lim\limits_{\substack{x \to 2 \\ x < 2}} \frac{x^2 - x - 2}{x - 2} = \lim\limits_{\substack{x \to 2 \\ x < 2}} (x + 1) = 3$

rechtsseitiger Grenzwert $\lim\limits_{\substack{x \to 2 \\ x > 2}} f(x) = \lim\limits_{\substack{x \to 2 \\ x > 2}} \frac{x^2 - x - 2}{x - 2} = \lim\limits_{\substack{x \to 2 \\ x > 2}} (x + 1) = 3$

Ergebnis: Bei Annäherung an die Stelle $x = 2$ erhalten wir sowohl von rechts als auch von links denselben Grenzwert, nämlich 3.

5

Gegeben sei die Funktion $f(x) = \frac{x^2 + 5x + 6}{3x + 9}$.

a) Stelle die maximale Definitionsmenge fest.

b) Nähern Sie sich der Stelle $x = -3$ von links und rechts dadurch, daß Sie die Funktionswerte für $x = -2{,}5$ $-2{,}7$, $-2{,}9$ bzw. $x = -3{,}5$, $-3{,}3$, $-3{,}1$ bilden. Notieren Sie den vermutlichen Grenzwert.

c) Überprüfe das Ergebnis mit Hilfe der Grenzwertrechnung. Berücksichtige dabei die Tatsache, daß -3 Nullstelle von Zähler und Nenner ist, und kürze den entsprechenden Linearfaktor.

Wir definieren:
Eine gebrochen rationale Funktion $f(x)$ besitzt an der Stelle x_0 eine hebbare Lücke, wenn sie an dieser Stelle zwar nicht definiert ist, jedoch ihr links- und rechtsseitiger Grenzwert existiert und übereinstimmt, also gilt:

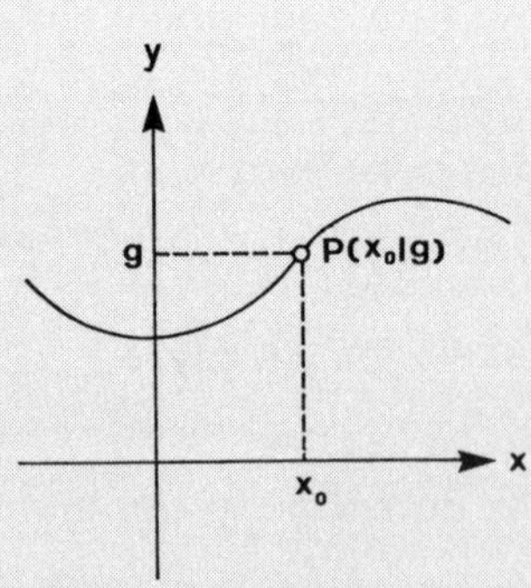

$\lim\limits_{\substack{x \to x_0 \\ x < x_0}} f(x) = \lim\limits_{\substack{x \to x_0 \\ x > x_0}} f(x) = g$

Durch den Punkt $P(x_0|g)$ läßt sich die Lücke schließen.

6

Stelle fest, wo die Funktionen hebbare Lücken besitzen.

- Berechne die Nullstellen von Zähler und Nenner.
- Zerlege den Funktionsterm möglichst weit in Linearfaktoren.
- Bilde den rechtsseitigen und den linksseitigen Grenzwert. (Kürze dabei in Zähler und Nenner gleichzeitig auftretende Faktoren.)
- Vergleiche die beiden Grenzwerte.

a) $f(x) = \frac{x^2+4x-5}{2x-2}$ **b)** $f(x) = \frac{x^2-2x-8}{x^2+2x}$

c) $f(x) = \frac{2x^2-3x-9}{x-3}$ **d)** $f(x) = \frac{x^3+4x^2}{2x+8}$

e) $f(x) = \frac{4x^2-9}{4x-6}$ **f)** $f(x) = \frac{x^2-2x-15}{x+3}$

7

Zu untersuchen sei die Funktion $f(x) = \frac{2x^2-5x-3}{x-3}$.

a) Wie lautet ihre Definitionsmenge?

b) Bilde den linksseitigen und den rechtsseitigen Grenzwert an der Stelle $x=3$.

c) Der Funktionsgraph von f ist hier abgebildet. Zeige, daß $g(x)=2x+1$ sich von f in genau einem Punkt unterscheidet.

d) Bestätige, daß der Funktionsterm von g(x) schon in b) aufgetaucht ist.

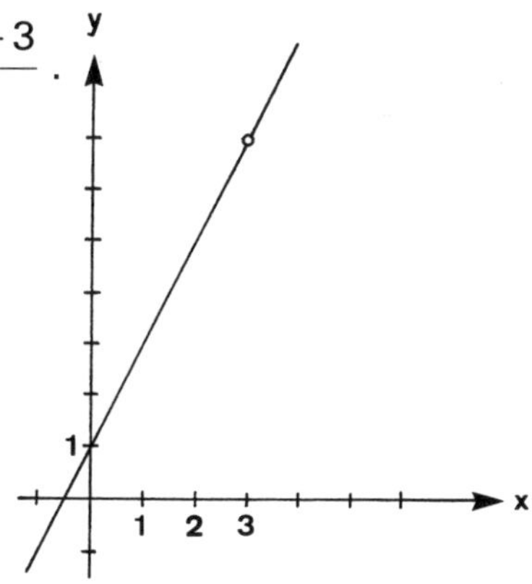

Bei Funktionen, deren Definitionslücken hebbar sind, läßt sich der Graph häufig leicht zeichnen. Bekanntlich ist ja die kritische Stelle x_0 gleichermaßen Nullstelle von Zähler und Nenner. Der zugehörige Linearfaktor $(x-x_0)$ ist mithin in Zähler und Nenner vorhanden. Kürzt man ihn wie bei der Grenzwertbildung heraus, so ergibt sich eine Funktion, die sich genau an der Stelle x_0 von der gegebenen Funktion unterscheidet. Man kann folglich den Graphen der gekürzten Funktion zeichnen und dann nachträglich die hebbare Lücke markieren.

Für Aufgabe 7 sehen die Graphen von f und g so aus:

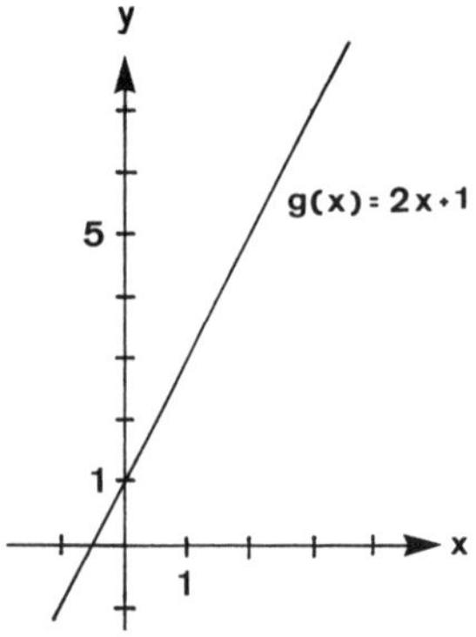

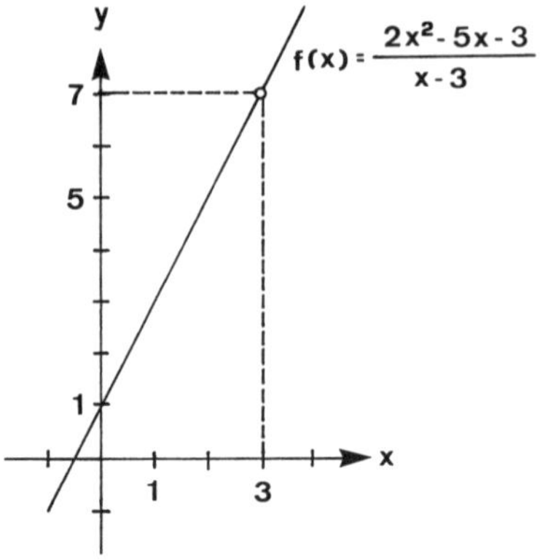

8

Ermittle die hebbaren Definitionslücken und zeichne die Graphen:

a) $f(x) = \dfrac{x^2+5x}{2x+10}$ **b)** $f(x) = \dfrac{3x^2+3x-6}{x-1}$

c) $f(x) = \dfrac{2x^2+x-6}{4x-6}$ **d)** $f(x) = \dfrac{x^3+3x^2+2x}{x^2+x}$

e) $f(x) = \dfrac{x^2-4}{x-2}$ **f)** $f(x) = \dfrac{x^2+2x-3}{2x-2}$

9

Die Funktion $f(x) = \dfrac{x+2}{x-2}$ soll untersucht werden.

a) Notiere die Definitionsmenge.

b) Ist $x = 2$ Nullstelle von Zähler und Nenner?

c) Kann an der Stelle $x = 2$ eine hebbare Lücke vorliegen?

d) Wir wollen uns der Stelle $x = 2$ von links bzw. rechts annähern. Fülle dazu die beiden Tabellen aus:

x	1	1,5	1,7	1,9	1,99	1,999
f (x)						

x	3	2,5	2,3	2,1	2,01	2,001
f (x)						

e) Gibt es einen rechtsseitigen bzw. linksseitigen Grenzwert für $x \to 2$?

Die Funktion $f(x) = \frac{x+2}{x-2}$ besitzt an der Stelle $x = 2$ keine hebbare Definitionslücke. Dies wird durch den Blick auf den Graphen bestätigt. Vielmehr handelt es sich hierbei um einen sogenannten **Pol** oder eine **Unendlichkeitsstelle.**

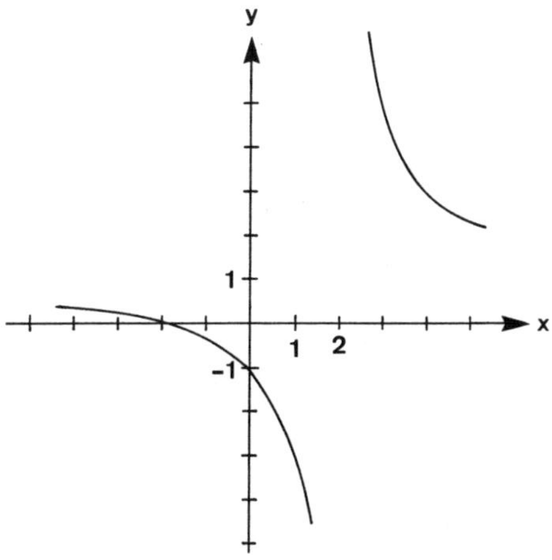

Wie die Wertetabelle gezeigt hat, werden die Funktionswerte bei Annäherung von links immer kleiner. Eine Annäherung von rechts dagegen läßt die Funktionswerte über alle Grenzen anwachsen.

Die Definitionslücke kann daher nicht durch einen einzelnen Punkt geschlossen werden. Auch hier soll die Grenzwertrechnung Klarheit bringen.

10

Wir wollen $\lim\limits_{\substack{x \to 2 \\ x > 2}} \frac{x+2}{x-2}$ bestimmen.

a) Welchem Wert nähert sich der Zähler $x+2$ an, wenn x immer näher an 2 heranrückt?

b) Welchem Wert nähert sich der Nenner $x-2$, wenn $x \to 2$ geht?

c) Leider dürfen wir für x in $\frac{x+2}{x-2}$ nicht direkt 2 einsetzen, denn dann erhielten wir $\frac{4}{0}$, was nicht definiert ist. Wir kommen jedoch auch durch Überlegung zum Ziel. Dividiert man eine Zahl (etwas größer als 4) durch eine sehr kleine positive Zahl, so ist das Ergebnis eine sehr große positive Zahl.
Fülle dazu die Tabelle aus:

x	$x+2$	$x-2$	$\frac{x+2}{x-2}$
2,01	4,01	0,01	401
2,0001			
2,000001			

d) Je näher x bei 2 liegt, um so kleiner wird die Differenz $x-2$ und um so größer wird der Term $\frac{x+2}{x-2}$.

Bestätige, daß der gesuchte Grenzwert eine unendlich große Zahl ist.

Die eben angestellten Überlegungen fassen wir zusammen:

$$\lim_{\substack{x \to 2 \\ x > 2}} \frac{x+2}{x-2}$$

Zähler → 4
Nenner eine sehr kleine positive Zahl } positiv unendlich

$= +\infty$

11

Führe die entsprechenden Überlegungen für den linksseitigen Grenzwert durch. Trage die fehlenden Angaben ein:

$$\lim_{\substack{x \to 2 \\ x < 2}} \frac{x+2}{x-2}$$

Zähler → ___
Nenner eine ________________ Zahl } ________ ________

= ________

Allgemein gilt:

Eine gebrochen rationale Funktion f (x) besitzt an der Stelle x_0 einen **Pol** (eine **Unendlichkeitsstelle**), wenn x_0 als Nullstelle nur im Nennerpolynom, aber nicht im Zählerpolynom vorhanden ist. Der rechtsseitige und der linksseitige Grenzwert existieren nicht (∞ oder $-\infty$).

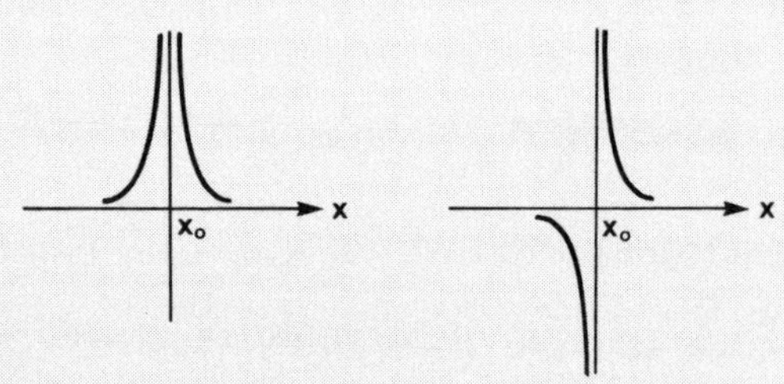

12

Weise nach, daß die Funktionen an den angegebenen Stellen Pole besitzen.

a) $f(x) = \frac{x}{2x+4}$; $x = -2$

b) $f(x) = \frac{3}{x}$; $x = 0$

c) $f(x) = \frac{5}{x-3}$; $x = 3$

d) $f(x) = \frac{x+3}{x-1}$; $x = 1$

e) $f(x) = \frac{3x+5}{5-x}$; $x = 5$

f) $f(x) = \frac{x-2}{2x-3}$; $x = 1{,}5$

g) $f(x) = \frac{1}{3x+1}$; $x = -\frac{1}{3}$

h) $f(x) = \frac{2x}{x-4}$; $x = 4$

- Berechne die Nullstellen von Zähler und Nenner.
- Zerlege den Funktionsterm möglichst weit in Linearfaktoren.
- Bilde den rechtsseitigen und den linksseitigen uneigentlichen Grenzwert. (Betrachte das Verhalten von Zähler und Nenner getrennt; beachte das Vorzeichen!)

13

Gegeben sei die Funktion $f(x) = \frac{3}{x^2-2x+1}$.

a) Nenne ihre Definitionsmenge.

b) Bestätige, daß $x = 1$ doppelte Nullstelle des Nennerpolynoms x^2-2x+1 ist. Wie kann man demnach den Funktionsterm schreiben?

c) Bilde den linksseitigen und den rechtsseitigen Grenzwert von f für $x \to 1$. Was fällt dabei auf?

d) Könnte an der Stelle $x = 1$ eine hebbare Lücke vorliegen? Überlege dazu, ob es einen Punkt gibt, der die Lücke schließt.

Der Graph der Funktion $f(x) = \frac{3}{x^2-2x+1}$ ist hier abgebildet. Sein wesentliches Merkmal ist, daß die Funktionswerte bei Annäherung an die Stelle $x = 1$ sowohl von rechts als auch von links unendlich groß werden. Auch hier spricht man von einem Pol, im Unterschied zu den vorher behandelten aber von einem **Pol ohne Vorzeichenwechsel.**

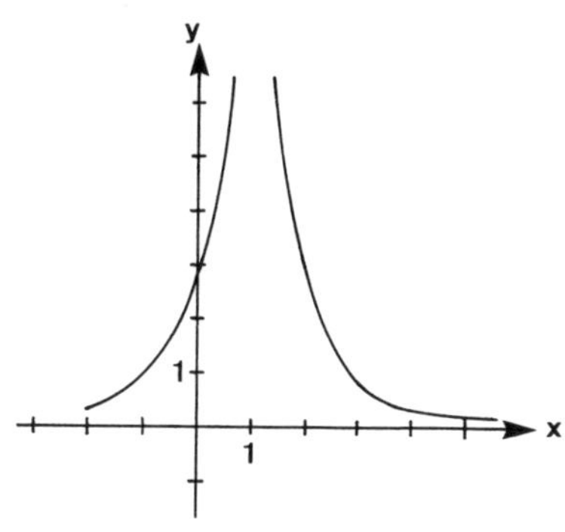

14

Weise nach, daß die Funktionen an den angegebenen Stellen Pole ohne Vorzeichenwechsel haben. Bilde die uneigentlichen Grenzwerte.

a) $f(x) = \frac{1}{(x+2)^2}$; $x = -2$

b) $f(x) = \frac{x+1}{x^2-4x+4}$; $x = 2$

c) $f(x) = \frac{x^2-5x}{(x-3)^2}$; $x = 3$

d) $f(x) = \frac{1}{x^2}$; $x = 0$

15

Stelle fest, ob die Funktionen Pole mit oder ohne Vorzeichenwechsel haben und bilde die uneigentlichen Grenzwerte.

a) $f(x) = \frac{x+2}{x^2+2x+1}$

b) $f(x) = \frac{x+2}{2x+1}$

c) $f(x) = \frac{17}{3-x}$

d) $f(x) = \frac{4x}{x^2+x+0,25}$

e) $f(x) = \frac{x^2+6x+9}{x^2-6x+9}$

f) $f(x) = \frac{5}{2x^3}$

16

Ordne die folgenden Funktionsgleichungen den untenstehenden Graphen zu. Falls es nötig ist, untersuche zunächst die jeweilige Funktion auf Pole hin.

a) $f(x) = \frac{2x}{x-3}$

b) $f(x) = \frac{x+2}{x-2}$

c) $f(x) = \frac{x^2}{x^2-4x+4}$

d) $f(x) = \frac{x+1}{x^2-6x+9}$

α)

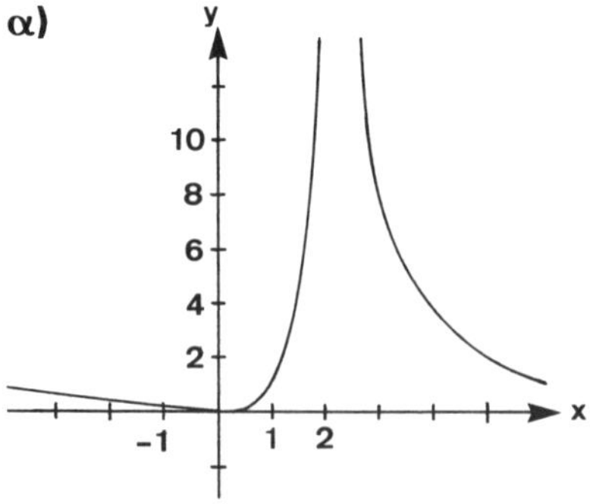

δ)

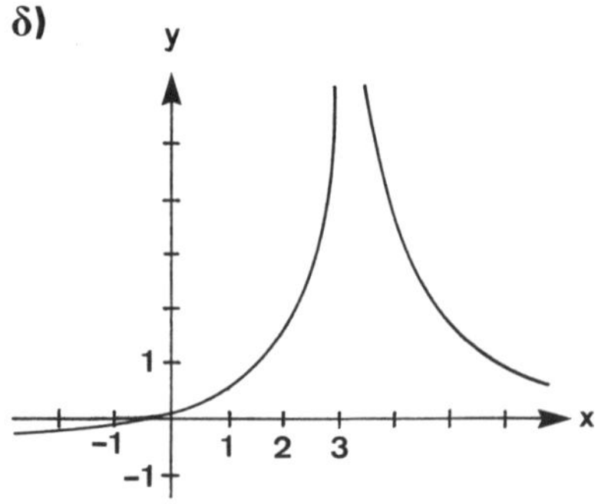

γ)

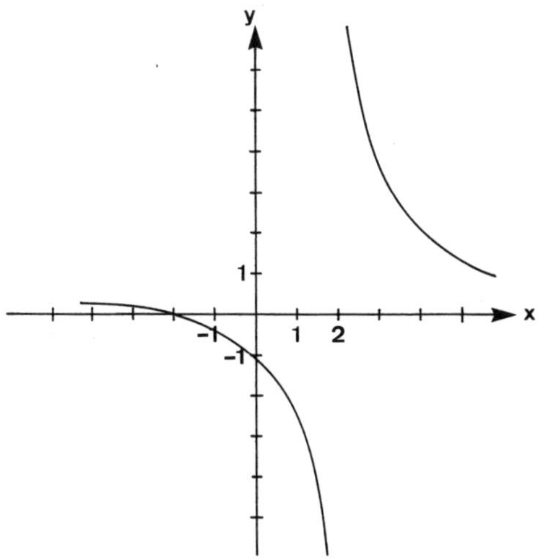

β)

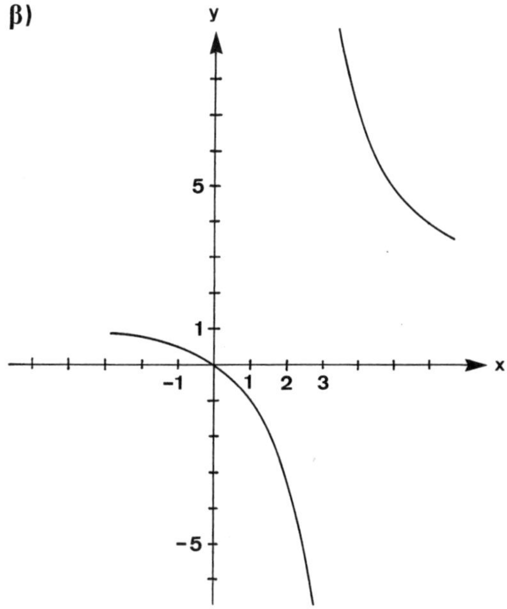

17

Betrachte noch einmal die Funktionen von Aufgabe 16.

a) Welche Funktionen besitzen einen Pol mit Vorzeichenwechsel?

b) Bei welchen Funktionen tritt ein Pol ohne Vorzeichenwechsel auf?

c) Bestätige, daß folgende Umformung möglich ist:

$$f(x) = \frac{x^2}{x^2 - 4x + 4} = \frac{x^2}{(x-2)^2}$$

Führe die entsprechende Umformung bei $f(x) = \dfrac{x+1}{x^2 - 6x + 9}$ durch. Was fällt bei der Betrachtung der Nenner auf?

Nach Aufgabe 17 scheint zu gelten:

Tritt die Nullstelle des Nenners einfach auf, so liegt ein Pol mit Vorzeichenwechsel vor, tritt sie doppelt auf, so gibt es keinen Vorzeichenwechsel. (Das entspräche genau den bei Nullstellen getroffenen Aussagen!).

Bevor wir uns allerdings über ein solch schönes Ergebnis freuen dürfen, müssen wir noch einmal scharf nachdenken.

18

Wir betrachten die Funktion

$$f(x) = \frac{2x-2}{(x-1)^2}.$$

Nach der obigen Aussage müßte sie an der Stelle $x = 1$ einen Pol ohne Vorzeichenwechsel haben. Bilde zur Kontrolle die notwendigen Grenzwerte.

19

Ein Blick auf den Graphen der Funktion $f(x) = \frac{2x-2}{(x-1)^2}$ bestätigt das Ergebnis der eben durchgeführten Rechnung.
Zur Klärung des scheinbaren Widerspruchs werfen wir einen Blick auf den Zähler des Funktionsterms. Welche Nullstelle besitzt er?

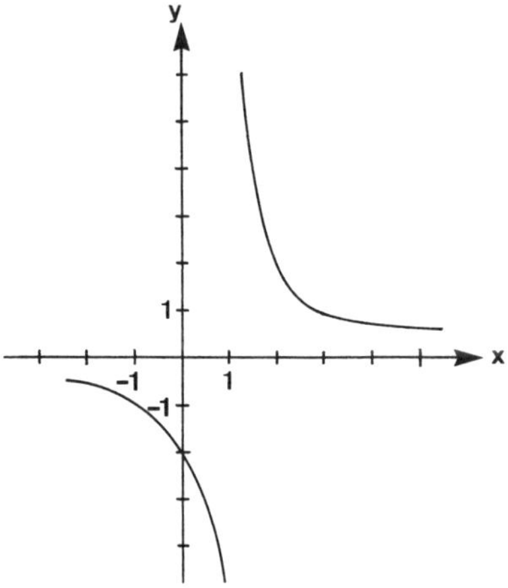

Da $x = 1$ sowohl Nullstelle des Nenners als auch des Zählers ist, könnte man annehmen, daß eine hebbare Lücke vorliegt. Dies ist jedoch nicht der Fall, wie die in Aufgabe 18 gebildeten Grenzwerte zeigen. Wir können den Funktionsterm jedoch folgendermaßen umformen:

$$f(x) = \frac{2x-2}{(x-1)^2} = \frac{2(x-1)}{(x-1)^2}$$

Kürzte man nun einmal den Faktor $(x-1)$ heraus, so bliebe $\frac{2}{x-1}$ übrig.

Wir sehen: Eigentlich ist $x = 1$ nur eine <u>einfache</u> Nullstelle des Nenners, aber nicht des Zählers. Folglich liegt hier ein Pol mit Vorzeichenwechsel vor.

Wir fassen zusammen:

Für den Fall, daß eine Nullstelle des Nenners, aber nicht des Zählers vorliegt:

- Tritt die Nullstelle des Nenners einmal, dreimal, fünfmal, usw. auf, so ist es ein Pol mit Vorzeichenwechsel.
- Tritt die Nullstelle des Nenners zweimal, viermal, sechsmal, usw. auf, so ist es ein Pol ohne Vorzeichenwechsel.

Für den Fall, daß eine Nullstelle des Nenners und des Zählers vorliegt:

- Tritt die Nullstelle im Nenner häufiger als im Zähler auf, so kürze man den zugehörigen Linearfaktor weg. Danach kann man wie oben entscheiden.
- Tritt die Nullstelle im Nenner weniger oder gleich häufig wie im Zähler auf, so liegt eine hebbare Lücke vor.

Beispiele:

1. $f(x) = \dfrac{3x-6}{x^2-4x+4}$

   $x = 2$ ist Nullstelle von Zähler und Nenner.
   Umformen des Funktionsterms liefert:

   $$f(x) = \frac{3(x-2)}{(x-2)^2} = \frac{3}{x-2}$$

   Ergebnis: An der Stelle $x = 2$ befindet sich ein Pol mit Vorzeichenwechsel.

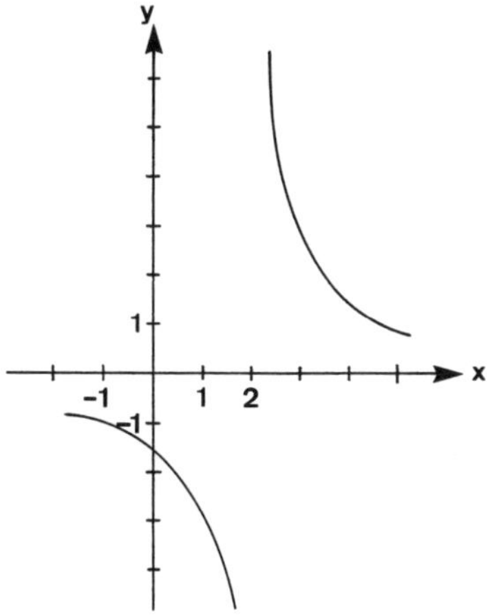

2. $f(x) = \frac{2x-2}{x^2+2x+1}$

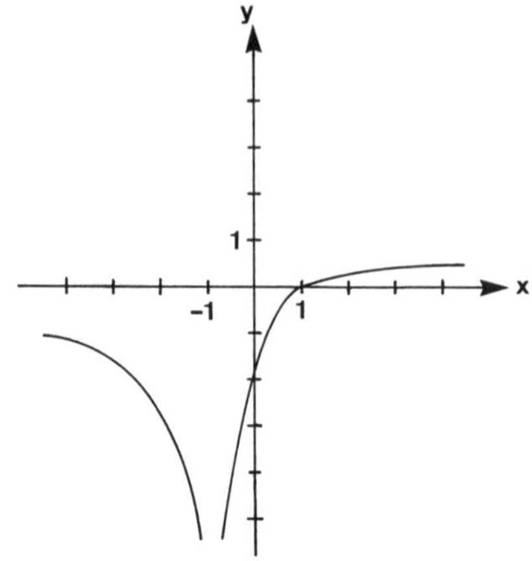

$x = -1$ ist nur Nullstelle des Nenners.
Umformen des Funktionsterms liefert:

$$f(x) = \frac{2(x-1)}{(x+1)^2}$$

Ergebnis: An der Stelle $x = -1$ befindet sich ein Pol ohne Vorzeichenwechsel.

3. $f(x) = \frac{x^2+6x+9}{3x+9}$

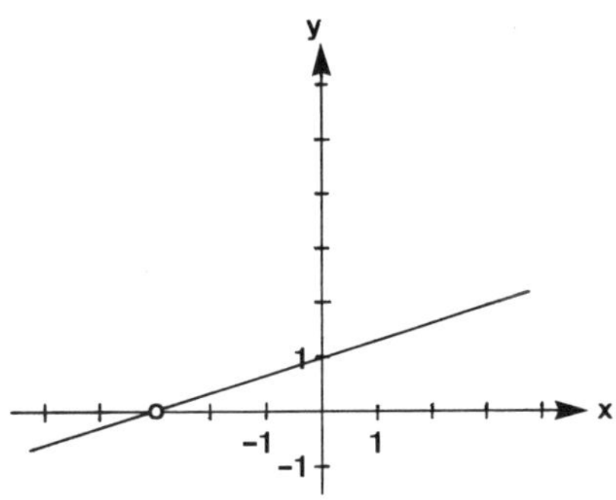

$x = -3$ ist Nullstelle von Zähler und Nenner. Sie tritt im Zähler doppelt, im Nenner jedoch nur einfach auf.
Umformen des Funktionsterms liefert:

$$f(x) = \frac{(x+3)^2}{3(x+3)} \Rightarrow \frac{x+3}{3} = \frac{1}{3}x + 1 = g(x)$$

Ergebnis: An der Stelle $x = -3$ befindet sich eine hebbare Lücke.

20

Untersuche wie in den Beispielen:

a) $f(x) = \frac{2x+6}{x^2+4x+4}$

b) $f(x) = \frac{2x+6}{x^2+6x+9}$

c) $f(x) = \frac{x^2+6x+9}{2x+6}$

d) $f(x) = \frac{x^2+4x+4}{2x+6}$

e) $f(x) = \frac{3x^2}{(x-4)^3}$

f) $f(x) = \frac{3x^2+x}{x^3}$

g) $f(x) = \frac{2x-1}{4x^2-4x+1}$

h) $f(x) = \frac{(1-x)^2}{(x-1)^2}$

i) $f(x) = \frac{x^2-4}{x^2-4x+4}$

j) $f(x) = \frac{x^2-4}{2x+4}$

Natürlich können Funktionen auch mehrere Pole besitzen. Hier ist beispielsweise der Graph von

$$f(x) = \frac{1}{(x-2)(x+3)}$$

abgebildet.

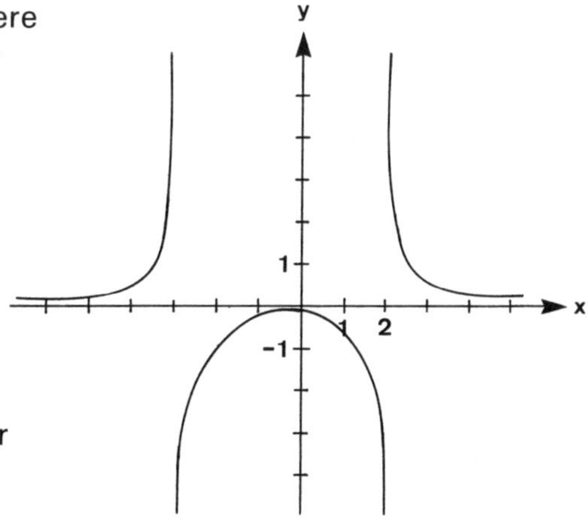

21

Bestätige den Verlauf des Graphen in der Nähe der Stellen $x=2$ und $x=-3$ durch Bildung der geeigneten Grenzwerte.

22

Die folgenden Funktionen besitzen mehrere Pole. Stelle fest, ob sie Vorzeichenwechsel aufweisen. Bestimme alle zugehörigen Grenzwerte.

a) $f(x) = \frac{3x}{(x+1)(x-4)}$

b) $f(x) = \frac{2x+1}{x^2(x-2)}$

c) $f(x) = \frac{x^2}{x^2-25}$

d) $f(x) = \frac{x-4}{x^3-6x^2+9x}$

e) $f(x) = \frac{2}{(x+1)^2(x-1)}$

f) $f(x) = \frac{3x+5}{x^4+x^3}$

5. Grenzwerte für $x \to \infty$ oder $x \to -\infty$

In diesem Kapitel behandeln wir nur ganzrationale Funktionen. Die entsprechenden Untersuchungen für gebrochen rationale Funktionen führen wir erst im nächsten Kapitel durch.

Für die Skizze eines Funktionsgraphen ist es wichtig zu wissen, wie er sich außerhalb des von uns gewählten Ausschnitts des Koordinatensystems verhält. Hierbei hilft uns wieder die Grenzwertrechnung.

1

Abgebildet wird der Graph der Funktion $f(x) = x^3 - 3x^2$.

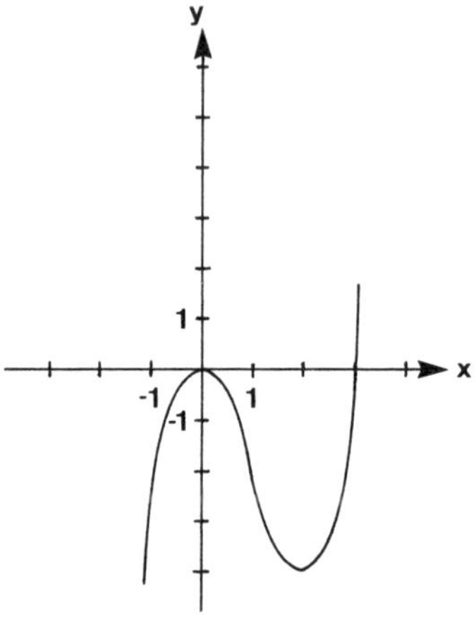

a) Bestimme die Nullstellen und gib ihre Art an.

b) Berechne in einer Wertetabelle die Funktionswerte zu $x = 5, 10, 20, 100, 1000$.

c) Bestätige, daß die Funktionswerte mit wachsendem x über alle Grenzen wachsen.

2

a) Berechne für dieselbe Funktion die Funktionswerte für $x = -1, -5, -10, -100$ und -1000.

b) Mache eine Aussage über das Verhalten der Funktionswerte bei kleiner werdendem x.

Die in Aufgabe 1 und 2 veranschaulichten Prozesse kann man auch so beschreiben:

1. Für große x-Werte:

$$\lim_{x \to \infty} f(x)$$

$$= \lim_{x \to \infty} [x^3 - 3x^2]$$

$$= \lim_{x \to \infty} \left[x^3 \cdot \left(1 - \frac{3}{x}\right)\right]$$

Ausklammern der höchsten Potenz von x

$$\downarrow \qquad \downarrow$$

$$\infty \quad \cdot \quad 1$$

Grenzwertbildung: Für große x-Werte strebt $\frac{3}{x}$ gegen 0 und $1 - \frac{3}{x}$ gegen 1.

$$= \infty$$

2. Für kleine x-Werte:

$$\lim_{x \to -\infty} f(x)$$

$$= \lim_{x \to -\infty} [x^3 - 3x^2]$$

$$= \lim_{x \to -\infty} \left[x^3 \cdot \left(1 - \frac{3}{x}\right)\right]$$

Ausklammern der höchsten Potenz von x

$$(-\infty) \cdot \quad 1$$

$$= -\infty$$

Grenzwertbildung:
Für kleine x-Werte strebt $\frac{3}{x}$ gegen 0 und $1 - \frac{3}{x}$ gegen 1.

3

Bilde $\lim_{x \to \infty} f(x)$ und $\lim_{x \to -\infty} f(x)$ bei den folgenden Funktionen.

a) $f(x) = x^3 + 2x^2 + 1$

b) $f(x) = 3x^2 + 5x - 7$

c) $f(x) = x^4 - 6x^2$

d) $f(x) = x^3 + 12x^4$

e) $f(x) = -2x^3 + x + 6$

f) $f(x) = 1 - x^3$

g) $f(x) = 4x^2 - 2x^4$

h) $f(x) = x^3 + x^2 + x + 1$

4

a) Gibt es unter den eben untersuchten Funktionen eine, deren Funktionswerte sich für $x \to \infty$ oder $x \to -\infty$ irgendeiner festen reellen Zahl als Grenzwert annähern?

b) Ist überhaupt eine ganzrationale Funktion vorstellbar, die für $x \to \infty$ oder $x \to -\infty$ einen Grenzwert besitzt?

Sowohl aus den Aufgaben als auch aus der Anschauung stellen wir fest:

> Ganzrationale Funktionen nähern sich für $x \to \infty$ oder $x \to -\infty$ keinerlei Grenzwerten an.
> Vielmehr erhält man als Ergebnis für $\lim_{x \to \infty} f(x)$ oder $\lim_{x \to -\infty} f(x)$ nur die sogenannten **uneigentlichen Grenzwerte** ∞ oder $-\infty$.

Offen bleibt demnach nur noch die Frage, wann das Ergebnis ∞ und wann es $-\infty$ lauten muß.

5

a) Bestimme jeweils $\lim\limits_{x \to \infty} f(x)$ bei den Funktionen mit den Funktionsgleichungen

$f_1(x) = 2x^3 + 5x^2$, $f_2(x) = 2x^3 - 5x^2$, $f_3(x) = -2x^3 + 5x^2$ und $f_4(x) = -2x^3 - 5x^2$.

b) Vergleiche die vier Ergebnisse. Welcher Term bestimmt jeweils das Vorzeichen?

6

Bilde jeweils $\lim\limits_{x \to \infty} f(x)$. Welcher Term ist diesmal für das Vorzeichen des Ergebnisses verantwortlich?

$f_1(x) = 3x - 8x^4$, $f_2(x) = 3x + 8x^4$, $f_3(x) = -3x - 8x^4$, $f_4(x) = -3x + 8x^4$

Die Aufgaben 5 und 6 legen nahe:

> Bei ganzrationalen Funktionen wird das Verhalten für $x \to \infty$ oder $x \to -\infty$ von der höchsten vorhandenen Potenz von x und ihrem Vorzeichen bestimmt.

Dieses Ergebnis läßt sich anschaulich so erklären:
Ganzrationale Funktionen sind Summen von einzelnen Potenzfunktionen. Bei Potenzfunktionen gilt:
Je größer der Exponent, desto schneller wachsen die Funktionswerte, wenn auch x größer wird ($x > 1$ vorausgesetzt).
Das Vorzeichen vor der höchsten Potenz gibt dann den endgültigen Ausschlag, ein konstanter Faktor ändert am Verhalten nichts.

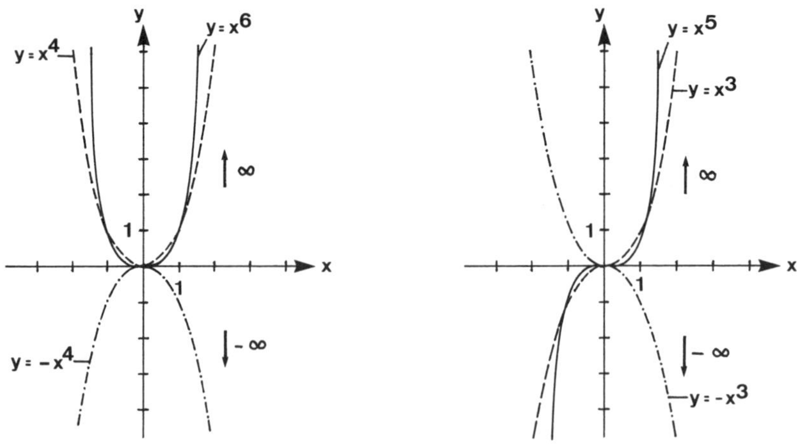

Entsprechendes läßt sich für $x < -1$ feststellen, wobei hier noch zwischen geraden und ungeraden Exponenten unterschieden werden muß.

gerade Exponenten:

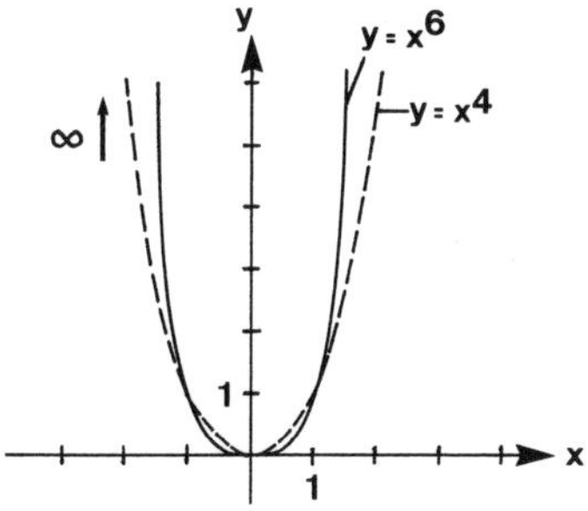

ungerade Exponenten:

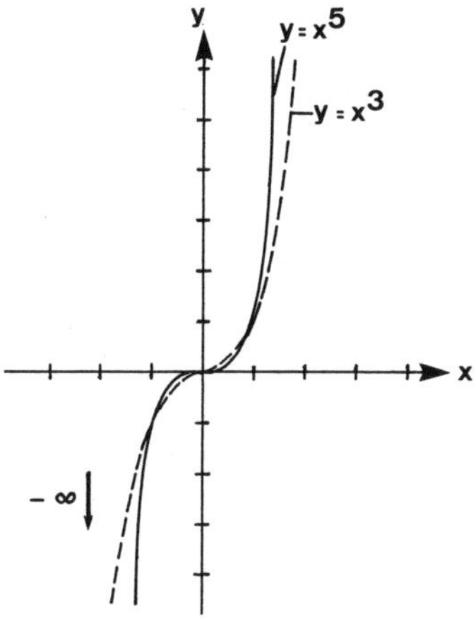

7

Gib für die folgenden Funktionen $\lim\limits_{x \to \infty} f(x)$ und $\lim\limits_{x \to -\infty} f(x)$ an. Betrachte nur die höchste x-Potenz und ihr Vorzeichen.

a) $f(x) = 7x^4 + 3x^2 - x^3$

b) $f(x) = 3x^5 - 4x^2 + 4x^7$

c) $f(x) = -3x^3 - x^4 - 2x^5$

d) $f(x) = 1{,}9x^2 + 0{,}3x^6 - 4{,}5x^5$

e) $f(x) = x^4 + x^8 + x^7 + x^{10}$

f) $f(x) = 23x^3 - 91x^7 - 223x^4 - 55x^6$

g) $f(x) = 0{,}001x^{11} - 1000x^{10}$

h) $f(x) = 14x - 15x^2 - 74x^4 - 12x^3$

i) $f(x) = \frac{4}{7}x^4 - 2\frac{3}{8}x^7 - \frac{12}{25}x^3$

j) $f(x) = -10x^3 + 5x^6 - 2x^{13}$

6. Asymptoten

Nachdem wir im letzten Kapitel die Grenzwerte $\lim\limits_{x \to \infty} f(x)$ und $\lim\limits_{x \to -\infty} f(x)$ bei ganzrationalen Funktionen gebildet haben, wollen wir uns nun den gebrochen rationalen Funktionen zuwenden.

1

Wir betrachten die Funktion $f(x) = \frac{1}{x}$.
Ihr Graph ist eine Hyperbel.

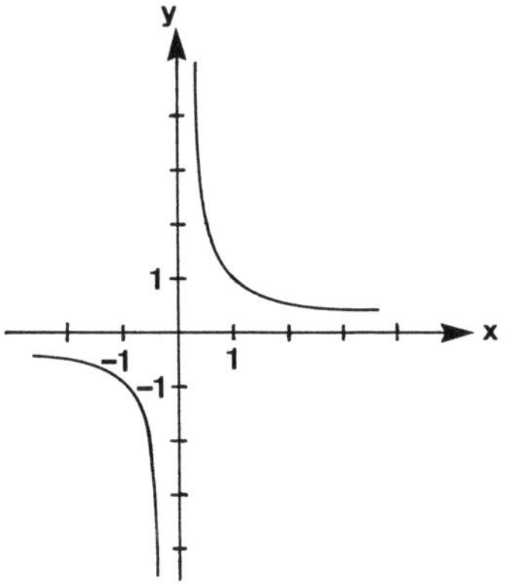

a) Bilde noch einmal die Grenzwerte

$\lim\limits_{\substack{x \to 0 \\ x<0}} f(x)$ und $\lim\limits_{\substack{x \to 0 \\ x>0}} f(x)$.

(vgl. Kapitel 4)

b) Setze für x nacheinander die Werte 10, 50, 1 000, 10 000, 1 000 000 ein. Welchem Grenzwert $\lim\limits_{x \to \infty} f(x)$ nähern sich die Funktionswerte?

c) Mache dasselbe für $x = -10, -50, -1000, -10000, -1000000$. Wie lautet der Grenzwert $\lim\limits_{x \to -\infty} f(x)$?

2

Gegeben sei die Funktion $f(x) = \frac{2x-5}{x-3}$.

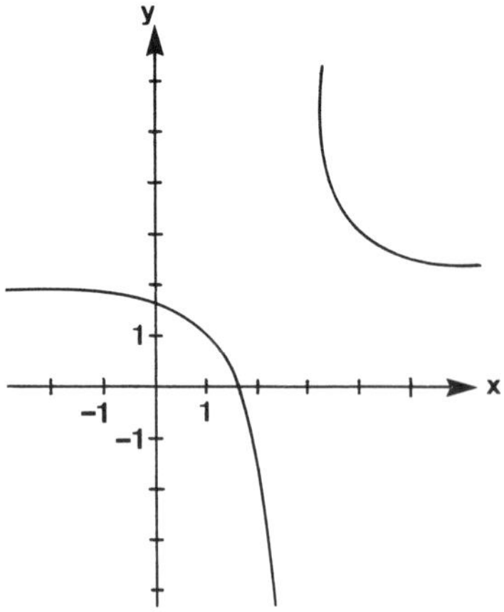

a) Wie lautet ihre Definitionsmenge?

b) Welche Art Definitionslücke befindet sich an der Stelle $x = 3$?

c) Wir wollen nun $\lim\limits_{x \to \infty} f(x)$ bestimmen.
Setze dazu für x wieder die Werte 10, 50, 1 000, 10 000, 1 000 000 ein. Nenne den Grenzwert.

d) Bestimme entsprechend $\lim\limits_{x \to -\infty} f(x)$. Setze auch hier geeignete x-Werte ein und beobachte die Funktionswerte.

e) Bestätige die beiden Grenzwerte durch Betrachten des abgebildeten Graphen. Versuche, eine Gerade einzuzeichnen, der sich der Graph annähert.

Bevor wir die bisherigen Ergebnisse analysieren, wollen wir noch eine weitere Funktion auf ihre Grenzwerte hin untersuchen.

3

Es sei $f(x) = \dfrac{2x^2 + 2x + 1}{x + 1}$

a) Notiere die Definitionsmenge.

b) Versuche, $\lim\limits_{x \to \infty} f(x)$ zu ermitteln. Setze dazu geeignete x-Werte ein und beobachte die Funktionswerte.

c) Welches Ergebnis ergibt sich bei entsprechendem Vorgehen bei $\lim\limits_{x \to -\infty} f(x)$?

d) Betrachte den Graphen. Kann es hier überhaupt Grenzwerte für $x \to \infty$ oder $x \to -\infty$ geben?

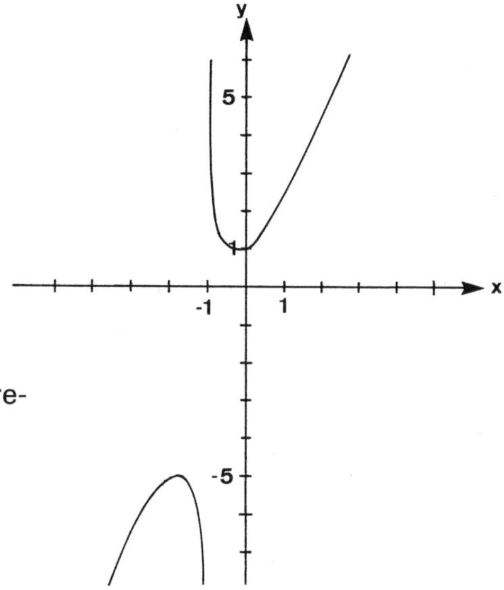

Wir wollen die Ergebnisse von Aufgabe **1**, **2** und **3** zusammenfassen und analysieren. Zunächst ist festzustellen, daß die Grenzwerte, die wir über das Einsetzen einer willkürlich gewählten Folge von Zahlen anschaulich ermittelt haben, auch durch Überlegung zu erhalten sind. Gegebenenfalls muß dazu der Funktionsterm umgeformt werden.

1. $f(x) = \dfrac{1}{x}$: $\quad \lim\limits_{x \to \infty} f(x) = \lim\limits_{x \to \infty} \dfrac{1}{x}$

Wird eine reelle Zahl (hier 1) durch eine sehr große Zahl dividiert, so wird das Ergebnis sehr klein (nahe 0).

$= 0$

Entsprechendes gilt für $x \to -\infty$.

2. $f(x) = \dfrac{2x-5}{x-3}$: $\lim\limits_{x\to\infty} f(x) = \lim\limits_{x\to\infty} \dfrac{2x-5}{x-3}$

$$= \lim_{x\to\infty} \frac{x\left(2-\frac{5}{x}\right)}{x\left(1-\frac{3}{x}\right)}$$

x ausklammern

x kürzen (ist erlaubt, da $x\to\infty$ und somit nicht gleich 0 ist)

$$= \lim_{x\to\infty} \frac{2-\frac{5}{x}}{1-\frac{3}{x}}$$

Zähler $\to 2$, da $\frac{5}{x}\to 0$;

$$= \frac{2}{1} = 2$$

Nenner $\to 1$, da $\frac{3}{x}\to 0$

Entsprechendes gilt für $x\to-\infty$.

3. $f(x) = \dfrac{2x^2+2x+1}{x+1}$: $\lim\limits_{x\to\infty} f(x)$

$$= \lim_{x\to\infty} \frac{2x^2+2x+1}{x+1}$$

In Zähler und Nenner jeweils die höchste Potenz von x ausklammern

$$= \lim_{x\to\infty} \frac{x^2\left(2+\frac{2}{x}+\frac{1}{x^2}\right)}{x\left(1+\frac{1}{x}\right)}$$

x kürzen $(x \neq 0)$

$$= \lim_{x\to\infty} \frac{x\left(2+\frac{2}{x}+\frac{1}{x^2}\right)}{1+\frac{1}{x}}$$

Nenner $\to 1$, da $\frac{1}{x}\to 0$;
Zähler $\to\infty$, da $x\to\infty$ und Klammer $\to 2$

$$= \infty$$

4

Führe die in 3. angestellten Überlegungen für $x\to-\infty$ durch.

5

Ermittle wie in den Beispielen $\lim\limits_{x \to \infty} f(x)$ und $\lim\limits_{x \to -\infty} f(x)$.

a) $f(x) = \dfrac{1}{x-1}$ **b)** $f(x) = \dfrac{x+3}{4x-1}$

c) $f(x) = \dfrac{x^2+5x}{2x-3}$ **d)** $f(x) = \dfrac{2x-3}{x^2+5x}$

e) $f(x) = \dfrac{1}{x^2}$ **f)** $f(x) = \dfrac{1-6x}{3x+5}$

g) $f(x) = \dfrac{x^2+x-2}{x^2-3x}$ **h)** $f(x) = \dfrac{4x+x^2}{5x-2}$

Wir haben am Anfang dieses Kapitels drei verschiedene Funktionen untersucht. Dabei ergaben sich für $x \to \infty$ oder $x \to -\infty$ drei prinzipiell unterschiedliche Verhaltensweisen. Diese sind:

1. $f(x) = \dfrac{1}{x}$: $\lim\limits_{x \to \infty} f(x) = \lim\limits_{x \to -\infty} f(x) = 0$,
d. h. beide Grenzwerte existieren und sind gleich 0

2. $f(x) = \dfrac{2x-5}{x-3}$: $\lim\limits_{x \to \infty} f(x) = \lim\limits_{x \to -\infty} f(x) = 2$,
d. h. beide Grenzwerte existieren und sind gleich derselben reellen Zahl ($\neq 0$!)

3. $f(x) = \dfrac{2x^2+2x+1}{x+1}$: $\lim\limits_{x \to \infty} f(x) = \infty$, aber $\lim\limits_{x \to -\infty} f(x) = -\infty$,
d. h. keiner der beiden Grenzwerte existiert, die uneigentlichen Grenzwerte haben darüber hinaus unterschiedliche Vorzeichen

6

a) Ordne die Funktionen aus Aufgabe 5 den oben beschriebenen Kategorien zu.

b) Wie verhalten sich der Grad des Zählerpolynoms und der des Nennerpolynoms im 1. Fall?

c) Beantworte dieselbe Frage für die Fälle 2. und 3.

7

Versuche, das Verhalten der folgenden Funktionen für $x \to \infty$ und $x \to -\infty$ vorauszusagen. Bilde danach die Grenzwerte und überprüfe die Prognosen.

a) $f(x) = \frac{3x+7}{4x-9}$

b) $f(x) = \frac{3x+7}{4x^2-9}$

c) $f(x) = \frac{3x^2+7}{4x-9}$

d) $f(x) = \frac{3x^2+7}{4x^2-9}$

e) $f(x) = \frac{3}{4x-9}$

f) $f(x) = \frac{3x^2+7x}{4x-9}$

Offensichtlich ist es nicht zufällig, ob eine reelle Zahl – gleich oder ungleich Null – den Grenzwert darstellt, oder ob eine Funktion nur uneigentliche Grenzwerte besitzt. Wesentlich ist vielmehr, welchen Grad, also welche höchste x-Potenz, das Zähler- und das Nennerpolynom aufweisen.

Wir fassen zusammen:

Eine gebrochen rationale Funktion besitzt für $x \to \infty$ oder $x \to -\infty$

- den Grenzwert 0, wenn (Grad Zählerpolynom) < (Grad Nennerpolynom)
- als Grenzwert eine relle Zahl $\neq 0$, wenn (Grad Zählerpolynom) = (Grad Nennerpolynom)
- keinen Grenzwert, wenn (Grad Zählerpolynom) > (Grad Nennerpolynom)

ist.

8

Überlege, ob die Funktionen Grenzwerte für $x \to \infty$ oder $x \to -\infty$ besitzen und bestimme sie.

a) $f(x) = \frac{2x}{x^2-3x+4}$

b) $f(x) = \frac{5x-2}{2x-5}$

c) $f(x) = \frac{x^2-1}{x^2+1}$

d) $f(x) = \frac{3}{x^2-4}$

e) $f(x) = \frac{6x-1}{2x^2+4x}$

f) $f(x) = \frac{x^2}{3x+8}$

Das Verhalten einer Funktion für $x \to \infty$ oder $x \to -\infty$ kann man auf eine andere Weise ermitteln. Dazu sehen wir uns noch einmal die Funktion $f(x) = \frac{1}{x}$ und ihren Graphen, die Hyperbel, an. Nach unseren obigen Berechnungen ist $\lim\limits_{x \to \infty} f(x) = \lim\limits_{x \to -\infty} f(x) = 0$.

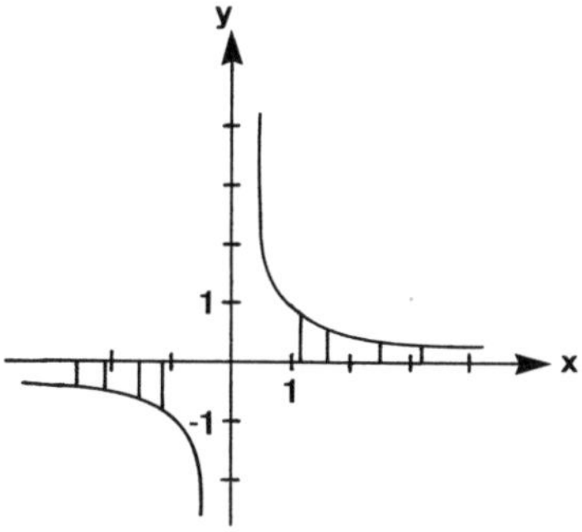

Für den Graphen bedeutet das, daß er sich immer dichter der x-Achse annähert, je weiter er sich vom Ursprung entfernt.
Dabei wird der Abstand zwischen Hyperbel und x-Achse beliebig klein, sie werden sich jedoch niemals schneiden, sich berühren oder aufeinander liegen. Auffällig ist dabei, daß sich die Hyperbel für $x \to \infty$ von oben, für $x \to -\infty$ von unten der x-Achse annähert.

9

Die Funktion $f(x) = \frac{1}{x}$ nähert sich für $x \to \infty$ oder $x \to -\infty$ der x-Achse. Die x-Achse ist eine Gerade. Wie lautet ihre Funktionsgleichung? Vergleiche sie mit den Grenzwerten!

10

Abgebildet ist noch einmal der Graph der Funktion $f(x) = \frac{2x-5}{x-3}$.

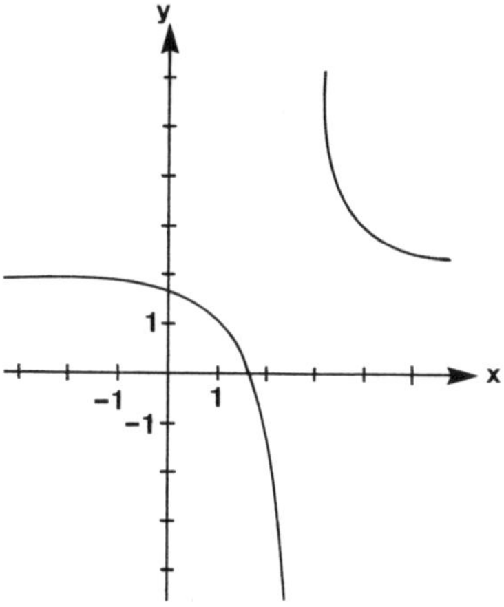

a) Zeichne eine Parallele zur x-Achse ein, an die sich die Kurve nähert.

b) Wie lautet die Funktionsgleichung der Geraden? Vergleiche sie mit den Grenzwerten für $x \to \infty$ sowie $x \to -\infty$.

Eine Gerade, an die sich der Graph einer Funktion für $x \to \infty$ oder $x \to -\infty$ immer dichter annähert, ohne sie zu schneiden oder zu berühren, nennt man eine **Asymptote**.

Die Asymptote ist für das Zeichnen des Funktionsgraphen von wichtiger Bedeutung.

11

Die Hyperbel mit der Funktionsgleichung $f(x) = \frac{1}{x}$ besitzt neben der x-Achse noch eine weitere Asymptote. Nenne sie.

Gebrochen rationale Funktionen haben an ihren Polstellen Asymptoten, die parallel zur y-Achse verlaufen. Sie heißen **senkrechte Asymptoten** (da sie senkrecht auf der x-Achse stehen) oder **Polgeraden.**

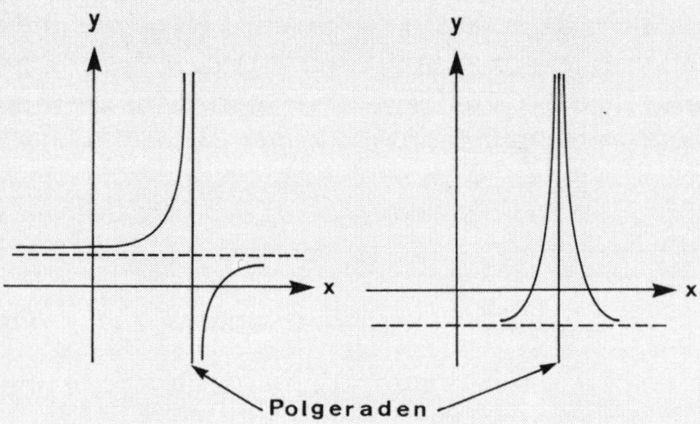

12

Nenne die senkrechte Asymptote der Funktion $f(x) = \frac{2x-5}{x-3}$.
Betrachte dazu noch einmal den Graphen.

Da es bei hebbaren Lücken keine senkrechten Asymptoten gibt, reicht es für das Feststellen senkrechter Asymptoten häufig nicht aus, nur die Nullstellen des Nenners zu betrachten. Man muß sich vorher vergewissern, daß auch wirklich Pole vorliegen (vgl. Kapitel 4). Ob die Pole mit oder ohne Vorzeichenwechsel sind, ist dabei nicht von Interesse.
Im folgenden wollen wir uns nur mit den Asymptoten beschäftigten, die nicht senkrecht zur x-Achse sind.

13

Auch die Funktion $f(x) = \frac{2x^2+2x+1}{x+1}$ besitzt eine nicht-senkrechte Asymptote.

a) Liegt sie auf oder parallel zu der x-Achse?

b) Versuche, sie in den nebenstehenden Graphen einzuzeichnen.

c) Versuche, ihre Funktionsgleichung zu ermitteln.

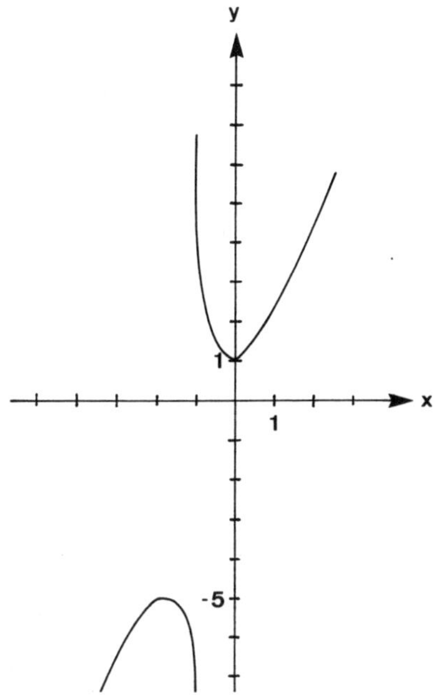

Wie in Aufgabe 13 zu sehen war, ist es mitunter gar nicht so einfach, die Asymptote einzuzeichnen oder ihre Funktionsgleichung zu bestimmen. Zur Lösung dieses Problems ist das folgende Verfahren geeignet:

Beispiel:
Gesucht sei die Funktionsgleichung der Asymptote der Funktion

$$f(x) = \frac{2x^2+2x+1}{x+1}.$$

Wir dividieren den Zähler durch den Nenner (Polynomdivision):

$$\begin{array}{l} (2x^2+2x+1) : (x+1) = 2x + \frac{①}{x+1} \\ \underline{-(2x^2+2x)} \\ \qquad ① \end{array}$$

Der verbleibende Rest wird in der Form $\frac{\text{Rest}}{\text{Nenner}}$ mit berücksichtigt.

Um alle Zweifel an der Richtigkeit des Ergebnisses auszuräumen, führen wir die Probe durch:

$$\left(2x + \frac{1}{x+1}\right) \cdot (x+1) = 2x \cdot (x+1) + 1 = 2x^2 + 2x + 1$$

Mit Hilfe der Polynomdivision haben wir den Funktionsterm in eine andere Form überführt, die wir jetzt für die Grenzwertbildung benutzen.

$$\lim_{x\to\infty} f(x) = \lim_{x\to\infty} \frac{2x^2+2x+1}{x+1} = \lim_{x\to\infty} \left[2x + \underbrace{\frac{1}{x+1}}_{\to 0}\right] = \infty,$$

weil auch 2x über alle Grenzen wächst, wenn $x \to \infty$ strebt.

Entsprechend ergibt sich

$$\lim_{x \to -\infty} f(x) = \lim_{x \to -\infty} \frac{2x^2+2x+1}{x+1} = \lim_{x \to -\infty} \left[2x + \underset{\substack{\downarrow \\ 0}}{\frac{1}{x+1}}\right] = -\infty .$$

Es ist offensichtlich, daß vom Funktionsterm $2x + \frac{1}{x+1}$ nur der ganzrationale Term $2x$ Einfluß auf die Grenzwerte hat, da ja der gebrochen rationale Restterm $\frac{1}{x+1}$ mit wachsendem x gegen Null strebt.

Betrachtet man andersherum $2x$ als den Funktionsterm einer Gerade $a(x) = 2x$, so nähert diese sich der Funktion immer weiter an, je größer x wird, da ja der Term $\frac{1}{x+1}$, der den Unterschied bzw. Abstand zwischen beiden angibt, immer kleiner wird.

Ergebnis: Die Asymptote der Funktion

$$f(x) = \frac{2x^2+2x+1}{x+1} = 2x + \frac{1}{x+1} \text{ hat die Gleichung } a(x) = 2x.$$

14

Berechne die Funktionsgleichungen der nicht senkrechten Asymptoten.

- Prüfe, ob der Grad des Zählerpolynoms größer als der des Nennerpolynoms ist.
- Dividiere Zähler durch Nenner (Polynomdivision).
- Der ganzrationale Teil ist der Funktionsterm der Asymptote, der gebrochen rationale Teil strebt gegen 0.

a) $f(x) = \frac{3x^2+4x-1}{x+2}$

b) $f(x) = \frac{x^3+3x^2-5x}{x^2-2}$

c) $f(x) = \frac{6x^2-5x}{3x+2}$

d) $f(x) = \frac{8x^2+12}{2x+1}$

e) $f(x) = \frac{3x^3-x^2+4}{3x^2+2x}$

f) $f(x) = \frac{x^2}{2x-5}$

g) $f(x) = \frac{2x^2-7x}{6x+9}$

h) $f(x) = \frac{x^3+1}{x^2-2x+2}$

15

Gegeben sei die Funktion $f(x) = \frac{4x^2+7x}{6x^2-3}$.

a) Ermittle die Funktionsgleichung der Asymptote über Polynomdivision.

b) Bestimme sie noch einmal über Grenzwerte.

c) Inwieweit ist ihre Lage anders als in Aufgabe 14?

d) Wie müssen Zähler- und Nennerpolynom derjenigen gebrochen rationalen Funktionen gebaut sein, deren Asymptoten ebenfalls parallel zur x-Achse liegen?

16

a) Weshalb kann man die Asymptote der Funktion $f(x) = \frac{3x^2+1}{2x^3-x+4}$ nicht durch Polynomdivision bestimmen?

b) Nenne die Asymptotengleichung.

c) Um welche Gerade handelt es sich hierbei?

d) Worin stimmen alle gebrochen rationalen Funktionen mit einer derartigen Asymptote überein?

Das Verfahren der Polynomdivision benötigt man nur in dem Fall, daß der Grad des Polynoms im Zähler größer als der im Nenner ist. In den anderen beiden Fällen kommt man durch Grenzwertbildung zum Ziel.

Wir fassen zusammen:

Bei den Grenzwerten von gebrochen rationalen Funktionen für $x \to \infty$ oder $x \to -\infty$ können drei verschiedene Fälle auftreten. Entsprechend sehen dann die zugehörigen Asymptoten aus.
(ZP: Grad des Zählerpolynoms, NP: Grad des Nennerpolynoms)

	ZP < NP	ZP = NP	ZP > NP
Grenzwert	0	reelle Zahl $\neq 0$	kein Grenzwert (∞ oder $-\infty$)
Asymptote	x-Achse	Parallele zur x-Achse	„schräg" verlaufende Gerade
Lösungsweg	Grenzwert ermitteln	Grenzwert oder Polynomdivision	Polynomdivision

17

Welche nicht-senkrechten Asymptoten besitzen diese Funktionen?

a) $f(x) = \dfrac{x^2 - 2x}{x^3 + 2}$

b) $f(x) = \dfrac{x^2 + 2x - 5}{3x + 4}$

c) $f(x) = \dfrac{3}{x^2 + x - 4}$

d) $f(x) = \dfrac{5x - 6}{2 + 7x}$

e) $f(x) = \dfrac{4x^2 + 6}{2x^2 - 5x}$

f) $f(x) = \dfrac{2x - 1}{3x^2}$

g) $f(x) = \dfrac{2x - 7 + 3x^2}{2x^2 - 7x + 3}$

h) $f(x) = \dfrac{x^3}{4x^2 - 1}$

18

Ordne den Funktionsgleichungen die Graphen zu. Beachte dabei die unterschiedlichen Asymptoten und zeichne sie ein.

a) $f(x) = \dfrac{x^2 - 4}{1 - x^2}$

b) $f(x) = \dfrac{x^2}{2x + 4}$

c) $f(x) = \dfrac{x + 1}{x - 3}$

d) $f(x) = \dfrac{x + 2}{x^2 - 1}$

α)

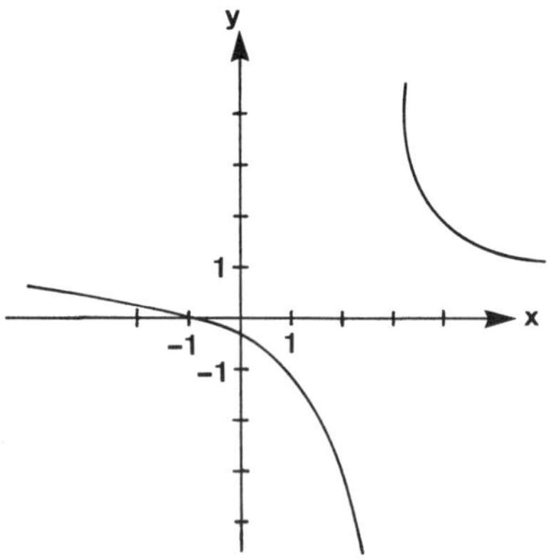

β)

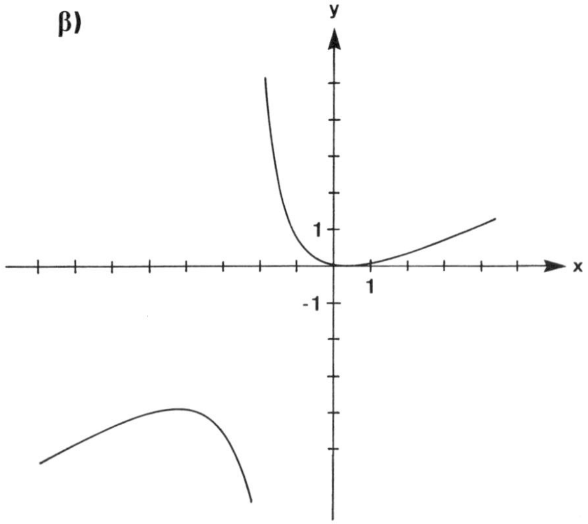

γ)

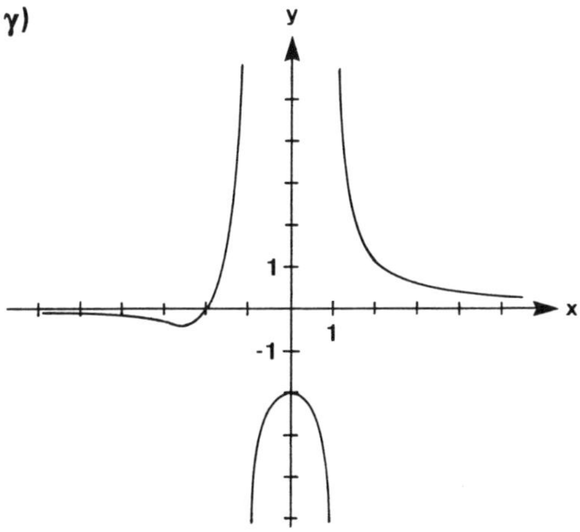

δ)

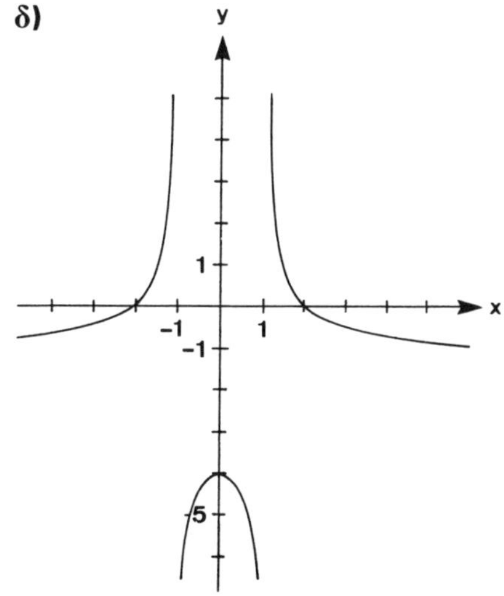

7. Vorzeichenuntersuchung (Felder abstreichen)

Die Vorzeichenuntersuchung einer Funktion gibt uns Auskünfte über den Verlauf des zugehörigen Graphen. Konkret heißt das: Wir finden heraus, in welchen Abschnitten der Graph oberhalb oder unterhalb der x-Achse verläuft.

1

Gegeben sei die Funktion $f(x) = 2x^3 + 7x^2 - 7x - 12$.

a) Berechne die Funktionswerte für $x = -5, -2, 0, 3$.

b) Offenbar besitzt die Funktion Bereiche mit positiven und Bereiche mit negativen Funktionswerten. Dazwischen müssen Punkte liegen, an denen das Vorzeichen wechselt. Wie heißen diese Punkte?

c) Bestimme die Nullstellen der Funktion.

Eine Skizze des Graphen könnte dann ungefähr so aussehen:

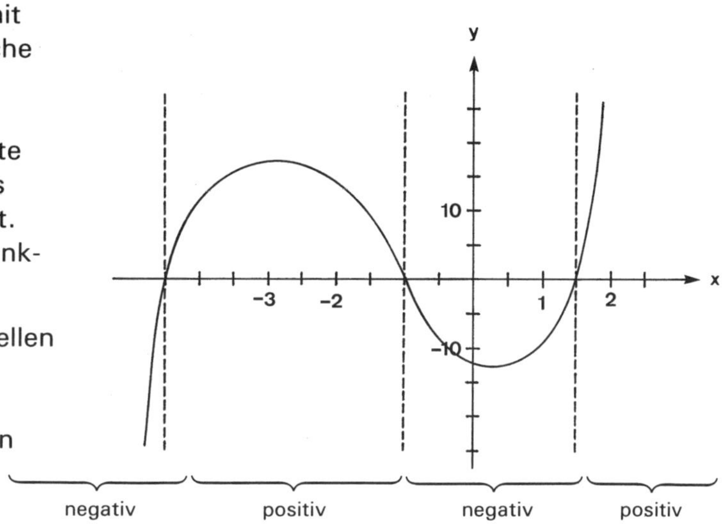

2

Wir wollen versuchen, den Graphen der folgenden Funktion zu skizzieren:

$$f(x) = \frac{1}{2}x^3 + \frac{1}{2}x^2 - 4x + 3$$

a) Bestimme die Nullstellen der Funktion.
b) Berechne Funktionswerte von x-Werten, die in jedem der auftretenden Bereiche liegen. Vergiß dabei die Randbereiche nicht!
c) Skizziere den Graphen.

Bei gebrochen rationalen Funktionen gehen wir grundsätzlich genauso vor. Hier müssen wir jedoch berücksichtigen, daß es neben den Nullstellen noch andere Stellen gibt, an denen die Funktion ihr Vorzeichen wechseln kann.

3

Welche Stellen sind das?

4

Wir untersuchen die Funktion $f(x) = \dfrac{x^2 - 2x - 3}{x^2 + 3x - 10}$.

a) Bestimme die Definitionsmenge.
b) Ermittle die Nullstellen und gib ihre Art an.
c) Welche Art von Polstellen liegt vor?
d) Bestätige, daß die bisherigen Ergebnisse so in das Koordinatensystem eingetragen werden können.
e) Berechne geeignete Funktionswerte. Wähle dabei Punkte aus jedem der fünf Bereiche, in die das Koordinatensystem aufgeteilt wurde.
f) Skizziere den Graphen.

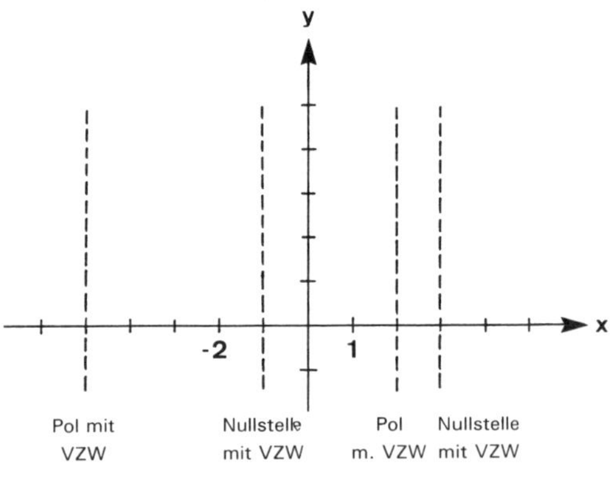

> Das Vorzeichen der Funktionswerte (y-Werte) kann mehrmals wechseln. Der Wechsel vollzieht sich nur an den Nullstellen oder den Polstellen. Hierbei ist entscheidend, ob es sich um Null- oder Polstellen mit Vorzeichenwechsel (einfache, dreifache, fünffache, usw.) oder ohne Vorzeichenwechsel (doppelte, vierfache, sechsfache) handelt.

5

Skizziere den Graphen von $f(x) = \dfrac{2x^2 + 4x + 2}{x^2 - x - 6}$

a) Bestimme Null- und Polstellen und stelle ihre Art fest.

b) Teile die x-Achse in entsprechende Abschnitte ein.

c) Berechne in jedem Abschnitt einen Punkt.

d) Skizziere den Graphen.

Anstatt in jedem Abschnitt einen Punkt zu ermitteln, reicht es auch aus, wenn man nur einen Punkt kennt, z. B. den Schnittpunkt mit der y-Achse. Hat man nämlich vorher festgestellt, an welchen Nullstellen bzw. Polstellen Vorzeichenwechsel vorliegen, so ergibt sich daraus der Verlauf des Graphen.

6

Skizziere die Graphen.

- Nullstellen und ggf. Pole bestimmen und ihre Art feststellen
- x-Achse in Bereiche einteilen
- Punkte berechnen
- Graph skizzieren

a) $f(x) = \dfrac{1}{2}x^3 + \dfrac{5}{2}x^2 + x - 4$

b) $f(x) = x^4 - x^2$

c) $f(x) = \dfrac{2x^2 - 3x - 2}{x^2 - 4x}$

d) $f(x) = \dfrac{x^2 - 9}{x^2 + 4x + 4}$

e) $f(x) = \dfrac{x}{x^2 - 6x + 5}$

f) $f(x) = x^4 - 5x^2 + 4$

Eine andere, häufig anzutreffende Methode der Vorzeichenuntersuchung kommt ohne die mitunter lästige Berechnung von Funktionswerten aus. Hierbei wird ausgenutzt, daß zu jeder Nullstelle ein Linearfaktor gehört, und der Funktionsterm als Produkt solcher Linearfaktoren geschrieben werden kann. Kennt man die Vorzeichen der einzelnen Linearfaktoren, so ergibt sich daraus das Vorzeichen der Funktion.

Beispiel:
Gegeben sei noch einmal die Funktion $f(x) = 2x^3 + 7x^2 - 7x - 12$. Kennt man ihre Nullstellen -4, -1, $1{,}5$, so läßt sie sich schreiben als:

$f(x) = 2(x+4)(x+1)(x-1{,}5)$.

Wir legen nun eine Tabelle an, in deren Kopfzeile die Abschnitte der x-Achse und in deren linker Spalte alle Faktoren des Funktionsterms, also nicht nur die Linearfaktoren, stehen.

-4 | -1 | $1{,}5$ | x

	$x < -4$	$-4 < x < -1$	$-1 < x < 1{,}5$	$1{,}5 < x$
2	+	+	+	+
$x+4$	−	+	+	+
$x+1$	−	−	+	+
$x-1{,}5$	−	−	−	+
$f(x)$	−	+	−	+

Erläuterung: Die Vorzeichen in der zweiten Zeile werden so ermittelt: $x+4$ ist negativ für $x < -4$, also z. B. für $x = -5$, da dann $-5 + 4 = -1$ ist.
$x+4$ ist jedoch positiv für $x > -4$.

Das Gesamtvorzeichen der Funktion ergibt sich aus dem Produkt der Einzelvorzeichen der jeweiligen Spalte,
z. B. 1. Spalte: $(+)\cdot(-)\cdot(-)\cdot(-) = -$.

Beachte! Ein konstanter Faktor (hier 2) muß nicht unbedingt mit aufgeschrieben werden, außer er ist negativ.

7 Fülle die Vorzeichentabellen aus:

a) $f(x) = -x^3 + 7x^2 - 7x - 15 = -(x-5)(x-3)(x+1)$

-1 | 3 | 5 | x

	$x < -1$	$-1 < x < 3$	$3 < x < 5$	$5 < x$
-1				
$x-5$				
$x-3$				
$x+1$				
$f(x)$				

b) $f(x) = x^3 - 3,5x^2 + 2x - 2 = (x+2)^2(x-0,5)$

	$x < -2$	$-2 < x < 0,5$	$0,5 < x$
$(x+2)^2$			
$x - 0,5$			
$f(x)$			

c) $f(x) = 2x^4 + 6x^3 - 34x^2 + 6x - 36 = 2(x^2+1)(x-3)(x+6)$

	$x < -6$	$-6 < x < 3$	$3 < x$
2			
$x^2 + 1$			
$x - 3$			
$x + 6$			
$f(x)$			

8

Schreibe die Funktionsgleichungen mit Hilfe der Nullstellen in faktorisierter Form auf und lege eine Vorzeichentabelle an.

a) $f(x) = x^4 + 2x^3 - 13x^2 - 14x + 24$; Nullstellen sind $x = 1, 3, -2, -4$

b) $f(x) = 4x^3 - 10x^2 + 2x + 4$; Nullstellen sind $x = 1, 2, -0,5$

c) $f(x) = 2x^3 + 4x^2 - 30x - 72$; $x = 4$ ist einfache, $x = -3$ doppelte Nullstelle

d) $f(x) = -3x^4 + 16x^3 - 2x^2 - 16x + 5$; Nullstellen sind $x = \frac{1}{3}, 1, 5, -1$

Die Ergebnisse der Vorzeichentabelle werden für die Skizze des Graphen folgendermaßen verwertet: Da das Vorzeichen der Funktionswerte in den einzelnen Abschnitten der x-Achse bekannt ist, kennt man umgekehrt die Gebiete oder Felder des Koordinatensystems, in denen der Graph <u>nicht</u> verläuft. Diese werden gestrichen.

Für die Funktion
$f(x) = 2x^3 + 7x^2 - 7x - 12$
sieht das „Felder abstreichen“ dann so aus:

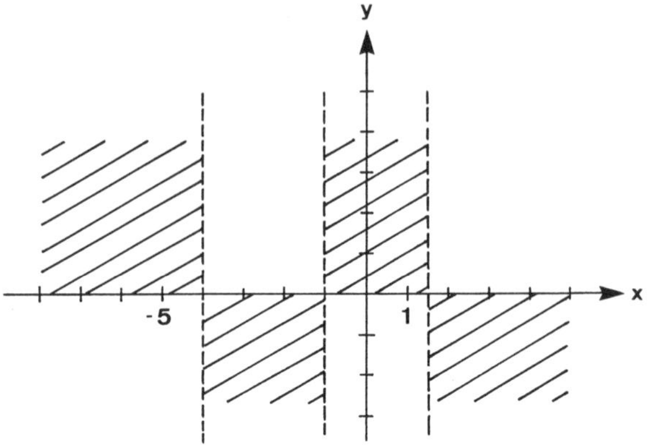

	$x < -4$	$-4 < x < -1$	$-1 < x < 1{,}5$	$1{,}5 < x$
2	+	+	+	+
$x+4$	−	+	+	+
$x+1$	−	−	+	+
$x-1{,}5$	−	−	−	+
$f(x)$	−	+	−	+

9

Fertige entsprechende Zeichnungen für die Funktionen von Aufgabe 8 an.

Skizziere darin auch den Verlauf des Graphen.

Ebenso gehen wir bei gebrochen rationalen Funktionen vor.

Beispiel:

$$f(x) = \frac{3x^2 + 6x - 24}{4x^2 + 3x - 1}$$

Nullstellen sind $x = -4$ und $x = 2$ (jeweils einfach)
Polstellen sind $x = 0{,}25$ und $x = -1$ (jeweils einfach)

Folglich können wir schreiben:

$$f(x) = \frac{3x^2 + 6x - 24}{4x^2 + 3x - 1} = \frac{3(x+4)(x-2)}{4(x-0{,}25)(x+1)}$$

Die Vorzeichentabelle sieht dann so aus:

	$x<-4$	$-4<x<-1$	$-1<x<0{,}25$	$0{,}25<x<2$	$2<x$
3	+	+	+	+	+
$x+4$	−	+	+	+	+
$x-2$	−	−	−	−	+
4	+	+	+	+	+
$x-0{,}25$	−	−	−	+	+
$x+1$	−	−	+	+	+
$f(x)$	+	−	+	−	+

Der Graph läßt sich folgendermaßen skizzieren:

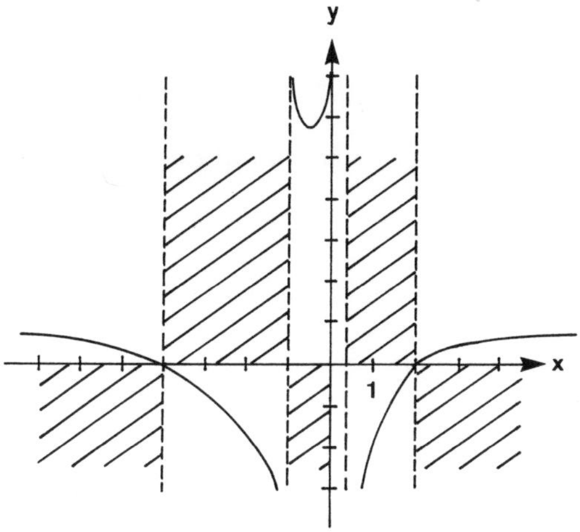

10

Führe eine Vorzeichenuntersuchung durch und skizziere den Graphen. Bestimme dazu zunächst die Nullstellen und Polstellen und gib ihre Art an.

a) $f(x) = \dfrac{x^2-1}{2x^2+10x+12}$

b) $f(x) = \dfrac{3x+4}{x^2-4x}$

c) $f(x) = \dfrac{x^2+2x+1}{x^2-3x-10}$

d) $f(x) = \dfrac{-3x}{x^2+3x-4}$

e) $f(x) = \dfrac{2x+1}{x^3-2x^2}$

f) $f(x) = \dfrac{x^2-4}{x^2+1}$

8. Zusammenfassung und gemeinsame Anwendung

In diesem Kapitel wollen wir alle bisherigen Aspekte der Funktionsuntersuchung zusammenfassen und gemeinsam anwenden. Dabei werden sich an manchen Stellen gewisse Überschneidungen ergeben. Dies bringt aber auch Vorteile mit sich, insbesondere als immanente Kontrolle der schon erzielten Ergebnisse.

Funktionsuntersuchung (I)

Die mit (*) gekennzeichneten Punkte müssen nur bei gebrochen rationalen Funktionen untersucht werden.

1. (*) **Definitionsmenge:** $\mathbb{D}_f = \mathbb{R} \setminus \{\text{Nullstellen des Nenners}\}$
2. **Symmetrie:**
   $f(-x) = f(x)$ Achsensymmetrie zur y-Achse
   $f(-x) = -f(x)$ Punktsymmetrie zum Ursprung
3. **Nullstellen:**
   $f(x) = 0$ setzen. Es gibt Nullstellen mit bzw. ohne Vorzeichenwechsel.
   Beachte: Bei gebrochen rationalen Funktionen muß auch der Nenner untersucht werden!
4. (*) **Definitionslücken:**
   - Pol: im allgemeinen Nullstelle von Nenner, nicht aber Zähler (mit und ohne Vorzeichenwechsel)
   - hebbare Lücke: im allgemeinen gemeinsame Nullstelle von Zähler und Nenner

   In Zweifelsfällen Grenzwerte bilden!
5. **Grenzwerte** für $x \to \infty$ oder $x \to -\infty$ (nur bei ganzration. Funktionen):
   Entscheidend ist die höchste Potenz von x und ihr Vorzeichen.
6. (*) **Asymptoten:**
   Grad Zählerpolynom < Grad Nennerpolynom: x-Achse
   Grad Zählerp. = Grad Nennerp.: Parallele zur x-Achse
   Grad Zählerp. > Grad Nennerp.: „schräg" verlaufende Gerade (Polynomdivision)
7. **Vorzeichenuntersuchung:**
   - Funktionsterm in Faktoren zerlegen
   - Tabelle anlegen
8. **Schnittpunkt** mit der y-Achse: $f(0)$ berechnen
   (die Berechnung weiterer Punkte bleibt freigestellt)
9. **Graph** zeichnen

Der Überblick auf Seite 68 soll noch einmal die einzelnen Untersuchungsmöglichkeiten und -methoden aufzeigen. Es wird hier jeweils immer nur eine Methode kurz erwähnt. Falls Sie damit nicht zurechtkommen, müssen Sie noch einmal im entsprechenden Kapitel nachschlagen.

Beispiel:

$$f(x) = \frac{2x^3 - x^2 - x}{x^2 - 4x + 3}$$

1. Definitionsmenge:
   Nullstellen des Nenners sind $x = 1$ oder $x = 3$
   (Lösungsformel für quadrat. Gleichungen)
   $\Rightarrow \mathbb{D}_f = \mathbb{R} \setminus \{1; 3\}$
2. Symmetrie: Es liegt keinerlei Symmetrie vor, da z. B. im Zähler sowohl gerade als auch ungerade Exponenten von x auftreten.
3. Nullstellen: $f(x) = 0$, wenn
   $$2x^3 - x^2 - x = 0$$
   $$x(2x^2 - x - 1) = 0$$
   $$x = 0 \text{ oder } 2x^2 + x - 1 = 0$$
   $$\Rightarrow x = 0 \text{ oder } x = 1 \text{ oder } x = -0{,}5$$
   Aber $x = 1$ ist auch Nullstelle des Nenners!
   Ergebnis: $x = 0$ und $x = -0{,}5$ sind einfache Nullstellen (mit Vorzeichenwechsel)
4. Definitionslücken:
   $x = 1$: ist gleichermaßen Nullstelle von Zähler und Nenner
   $\Rightarrow$ $x = 1$ ist eine hebbare Lücke
   $$\lim_{\substack{x \to 1 \\ x < 1}} f(x) = \lim_{\substack{x \to 1 \\ x < 1}} \frac{2x^3 - x^2 - x}{x^2 - 4x + 3}$$
   $$= \lim_{\substack{x \to 1 \\ x < 1}} \frac{2x(x + 0{,}5)(x - 1)}{(x - 1)(x - 3)}$$
   $$= \lim_{\substack{x \to 1 \\ x < 1}} \frac{2x(x + 0{,}5)}{x - 3} = \frac{3}{-2} = -1{,}5$$
   Entsprechend ergibt sich der rechtsseitige Grenzwert.

   $x = 3$: ist nur einfache Nullstelle des Nenners
   $\Rightarrow$ $x = 3$ ist ein Pol mit Vorzeichenwechsel
   $$\lim_{\substack{x \to 3 \\ x < 3}} f(x) = \lim_{\substack{x \to 3 \\ x < 3}} \frac{2x^3 - x^2 - x}{x^2 - 4x + 3} = -\infty$$
   (Zähler $\to$ 42, Nenner $\to$ 0, aber negativ)
   Entsprechend: $\lim\limits_{\substack{x \to 3 \\ x > 3}} f(x) = +\infty$

5. Grenzwerte für $x \to \infty$ oder $x \to -\infty$: entfällt, da gebrochen rationale Funktion

6. Asymptoten: Grad Zählerpolynom > Grad Nennerpolynom
Polynomdivision liefert:

$$f(x) = \frac{2x^3 - x^2 - x}{x^2 - 4x + 3} = 2x + 7 + \frac{21x - 21}{x^2 - 4x + 3}$$

$\Rightarrow$ $a(x) = 2x + 7$ ist die Asymptote

7. Vorzeichenuntersuchung: Faktorzerlegung: $f(x) = \dfrac{2x(x+0{,}5)(x-1)}{(x-1)(x-3)}$

(Der Faktor $(x-1)$ taucht gleichermaßen in Zähler und Nenner auf, die zugehörigen Vorzeichen kürzen sich daher gegenseitig weg. Wir schreiben die Tabelle deshalb ohne diesen Faktor.)

	$x < -0{,}5$	$-0{,}5 < x < 0$	$0 < x < 1$	$1 < x < 3$	$3 < x$
2	+	+	+	+	+
x	−	−	+	+	+
$x + 0{,}5$	−	+	+	+	+
$x - 3$	−	−	−	−	+
$f(x)$	−	+	−	−	+

8. Schnittpunkt mit der y-Achse: $f(0) = 0$

9. Skizze des Graphen

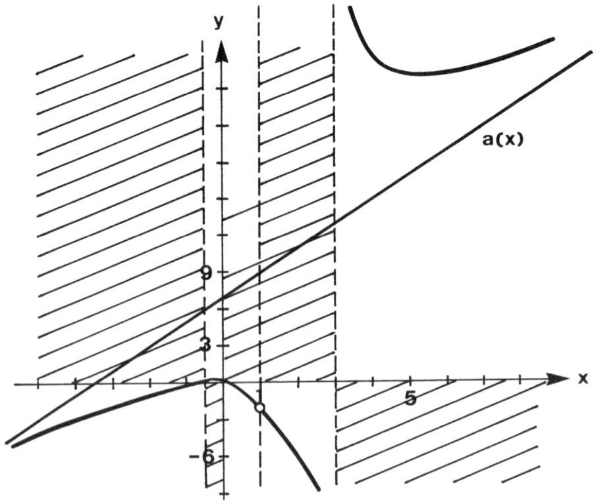

1

Bearbeite wie im Beispiel.

a) $f(x) = \frac{x+1}{2x-1}$

b) $f(x) = x^3 - 4x^2 + 4x$

c) $f(x) = \frac{x^2-4}{4x^2-9}$

d) $f(x) = x^4 - 2x^2 + 1$

e) $f(x) = \frac{x^2-5x+6}{0{,}5x^2-x}$

f) $f(x) = \frac{2}{x^3-4x^2}$

g) $f(x) = x^3 - 3x^2 - 9x - 5$

h) $f(x) = \frac{x^3+1}{x^2-2x+3}$

II. Kurvendiskussion mit den Mitteln der Differentialrechnung

1. Der Ableitungsbegriff

Der Begriff der Ableitung kann auf verschiedene Arten eingeführt werden. Besonders anschaulich ist hier das Tangentenproblem, dem wir uns im folgenden kurz zuwenden wollen.

Beim Tangentenproblem geht es um die unlösbar erscheinende Aufgabe, an einen Funktionsgraphen in einem vorgegebenen Punkt $P(x_0|f(x_0))$ die Tangente zu zeichnen. Die Aufgabe ist deshalb zunächst nicht lösbar, weil man zum Zeichnen einer Tangente (wie bei jeder anderen Geraden auch) außer einem Punkt (hier P) mindestens noch einen weiteren Punkt oder den Steigungsfaktor benötigt.

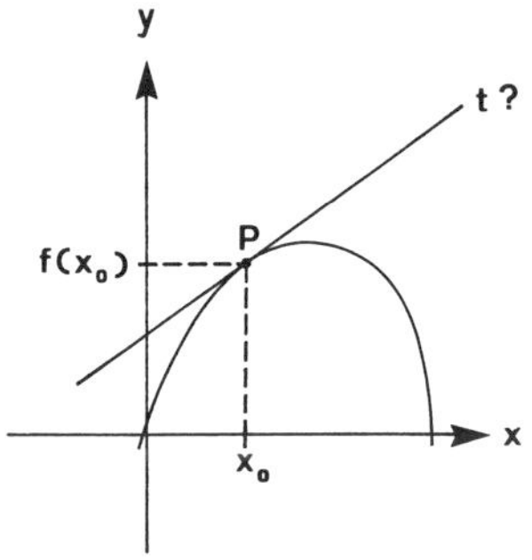

Die Lösung des Problems sieht so aus:

- Wahl eines zweiten Punktes $Q(x_0+h|f(x_0+h))$ (Die x-Koordinaten von P und Q unterscheiden sich nur durch eine reelle Zahl h.)

- Berechnung der Steigung m_s der Sekante durch P und Q:

$$m_s = \frac{f(x_0+h)-f(x_0)}{x_0+h-x_0} = \frac{f(x_0+h)-f(x_0)}{h}$$

(Differenzenquotient)

- Grenzwert der Sekantensteigung für $h \to 0$ ist die Tangentensteigung (anschaulich: Rückt Q immer näher an P heran, so wird aus der Sekante die gesuchte Tangente.)

$$m_t = \lim_{h\to 0} m_s = \lim_{h\to 0} \frac{f(x_0+h)-f(x_0)}{h} = f'(x_0)$$

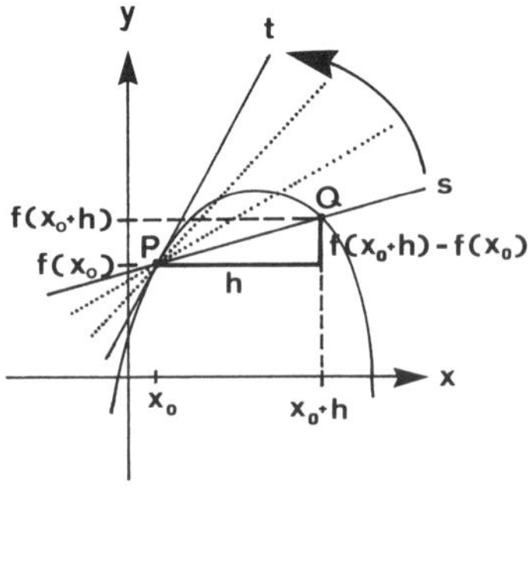

- Der Grenzwert des Differenzenquotienten heißt Differentialquotient oder **Ableitung.**

Die Ableitung $f'(x_0)$ einer Funktion f an einer Stelle x_0 gibt die Steigung des Graphen an dieser Stelle an.

Es ist meist nicht sinnvoll, die Ableitung einer Funktion für Punkte einzeln zu berechnen. Kennt man nämlich zu der gewünschten Funktion $f(x)$ die Ableitungsfunktion $f'(x)$, so hat man gleichzeitig auch für jeden beliebigen Punkt die zugehörige Ableitung.

Beispiel:
Die Funktion $f(x) = x^2$ besitzt die Ableitungsfunktion $f'(x) = 2x$.
Die Ableitung an der Stelle $x_0 = 1{,}5$ (bzw. die Steigung der Tangente) lautet dann $f'(x_0) = f'(1{,}5) = 2 \cdot 1{,}5 = 3$.

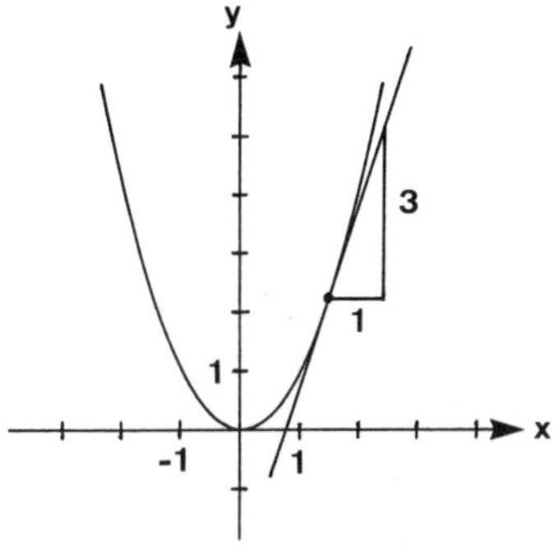

1

Bestimme die Ableitungen an den Stellen $x_0 = 1;\ 2{,}4;\ 0;\ -\frac{1}{2}$ und -3.

2

Bestimme die Steigungen der Funktionen an den angegebenen Stellen. Verwende dabei die genannten Ableitungsfunktionen.

a) $f(x) = x^3;\quad f'(x) = 3x^2;\quad x_0 = 2$

b) $f(x) = 4x^2 - 7x;\quad f'(x) = 8x - 7;\quad x_0 = -3$

c) $f(x) = x^4 - 5x^3 + x;\quad f'(x) = 4x^3 - 15x^2 + 1;\quad x_0 = 1$

d) $f(x) = \frac{1}{x};\quad f'(x) = -\frac{1}{x^2};\quad x_0 = -4$

Für die Ermittlung der Ableitungsfunktion zu einer beliebigen Funktion gibt es eine Reihe von Regeln. Wir wollen hier die Ableitungsregeln weder herleiten noch beweisen, falls Sie sich aber dafür interessieren, so finden Sie die Beweise in den meisten Schulbüchern. Die folgende Zusammenstellung enthält die wichtigsten Ableitungsregeln; außerdem sind drei Spezialfälle aufgeführt.

Ableitungsregeln

1. **Potenzregel:** $f(x) = x^n \Rightarrow f'(x) = n \cdot x^{n-1}$, $n \in \mathbb{R}$
   Spezialfälle: $f(x) = x \Rightarrow f'(x) = 1$
   $f(x) = 1 \Rightarrow f'(x) = 0$
   $f(x) = c \Rightarrow f'(x) = 0$, $c \in \mathbb{R}$
2. **Summenregel:** $f(x) = u(x) + v(x) \Rightarrow f'(x) = u'(x) + v'(x)$
3. **Faktorregel:** $f(x) = c \cdot u(x) \Rightarrow f'(x) = c \cdot u'(x)$, $c \in \mathbb{R}$
4. **Produktregel:** $f(x) = u(x) \cdot v(x) \Rightarrow f'(x) = u'(x) \cdot v(x) + u(x) \cdot v'(x)$
5. **Quotientenregel:** $f(x) = \frac{u(x)}{v(x)} \Rightarrow f'(x) = \frac{u'(x) \cdot v(x) - u(x) \cdot v'(x)}{(v(x))^2}$, $v(x) \neq 0$
6. **Kettenregel:** $f(x) = h[g(x)] \Rightarrow f'(x) = h'[g(x)] \cdot g'(x)$
   $\left(\begin{matrix}\text{äußere}\\ \text{Ableitung}\end{matrix}\right) \cdot \left(\begin{matrix}\text{innere}\\ \text{Ableitung}\end{matrix}\right)$

Wir wollen den Umgang mit den Ableitungsregeln in den nächsten Aufgaben üben. Falls Sie sich darin jetzt schon sicher fühlen, dürfen Sie die folgenden Aufgaben überspringen. Um ganz sicher zu sein, sollten Sie aber wenigstens Aufgabe 9 lösen.

Bei ganzrationalen Funktionen benötigt man lediglich die Potenzregel, die Summenregel oder die Faktorregel.

Beispiel:
$f(x) = 3x^5 - 4x^4 + x^3 - 2x + 6$
$f'(x) = 15x^4 - 16x^3 + 3x^2 - 2$

3

Bestimme die Ableitungsfunktion.

a) $f(x) = 7x^3 - 5x + 2$

b) $f(x) = 0{,}5x^4 - 1{,}8x^3 + 2{,}4x$

c) $f(x) = x^2 + x + 1$

d) $f(x) = 1 - 3x^4$

e) $f(x) = \frac{2}{5}x^3 + \frac{3}{4}x^2 - \frac{1}{2}x$

f) $f(x) = 7{,}5$

g) $f(x) = 4x - 3x^2 + 6x^3$

h) $f(x) = x^4 + 4x^2 + 4$

i) $f(x) = -\frac{3}{4}x^6 - \frac{1}{3}x^3 + \frac{5}{2}x^4$

j) $f(x) = 1{,}1x + 3x^2 - 0{,}2x^4$

4

Bestimme die Ableitungsfunktion von $f(x) = (x^4 - 3x^2) \cdot (x^3 + 4x^2 - 2)$ auf zwei Arten:

a) Multipliziere zunächst die Klammern aus.

b) Verwende die Produktregel.

5

Wie heißt die Ableitungsfunktion? Benutze bei den ersten Aufgaben beide Methoden und entscheide für die restlichen Aufgaben, welche Methode die jeweils günstigere ist.

a) $f(x) = (x^2 + 2) \cdot (2x - 3)$

b) $f(x) = (x^2 + x - 3) \cdot (4x^2 + 3x)$

c) $f(x) = 4x \cdot (2x^4 - 3x^2 - x)$

d) $f(x) = (5x^3 + 7x) \cdot (2x^2 + 3x^3 - 8x)$

e) $f(x) = (1{,}2x^2 - 0{,}5)(x^3 + 0{,}8x)$

f) $f(x) = (24x - 45x^3) \cdot (112x^2 + 65x^3)$

g) $f(x) = (x + 1) \cdot (x + 2) \cdot (x - 4)$

h) $f(x) = x^2 \cdot (2x + 1) \cdot (x - 2)$

6 Benutze die Quotientenregel und leite ab.

Beispiel:

$$f(x) = \frac{2x^2 + 5}{x^3 - 1}$$

Es ist $u(x) = 2x^2 + 5$, $v(x) = x^3 - 1$, $u'(x) = 4x$ und $v'(x) = 3x^2$.

$$f'(x) = \frac{4x \cdot (x^3 - 1) - (2x^2 + 5) \cdot 3x^2}{(x^3 - 1)^2}$$

$$= \frac{4x^4 - 4x - 6x^4 - 15x^2}{(x^3 - 1)^2}$$

$$= \frac{-2x^4 - 15x^2 - 4x}{(x^3 - 1)^2}$$

a) $f(x) = \dfrac{x^3 + 2x}{3x^2 - 1}$

b) $f(x) = \dfrac{x^2 + 4x - 3}{3x + 5}$

c) $f(x) = \dfrac{2x^4 + 6x - 1}{3 - 2x^2}$

d) $f(x) = \dfrac{3x^2}{2x^2 + x - 4}$

e) $f(x) = \dfrac{x^2 + 4x + 4}{x^2 - 6x + 9}$

f) $f(x) = \dfrac{2x + 3}{3x - 2}$

g) $f(x) = \dfrac{5}{x^3 - 4x^2}$

h) $f(x) = \dfrac{x^3 - 6x}{1 + 3x - 2x^2}$

Die folgende Regel, die Kettenregel, ist weder für ganzrationale noch für gebrochen rationale Funktionen unbedingt notwendig. Man kann stattdessen immer auch andere Regeln verwenden, wie die Produkt- oder Quotientenregel. Für denjenigen, der die Kettenregel beherrscht, bietet sie jedoch häufig eine schnellere und, da Klammern erhalten bleiben, übersichtlichere Möglichkeit abzuleiten.

Beispiel:
$f(x) = (2x+5)^3$
Wir nennen $u = 2x + 5 = g(x)$ die innere Funktion
und $h(u) = u^3$ die äußere Funktion.
Dann ist die äußere Ableitung $h'(u) = 3u^2$
und die innere Ableitung $g'(x) = 2$.
$\Rightarrow \quad f'(x) = h'(u) \cdot g'(x) = 3u^2 \cdot 2 = 3 \cdot (2x+5)^2 \cdot 2 = 6(2x+5)^2$

7

Welches ist die äußere und welches die innere Funktion?

a) $f(x) = (6x-1)^4$ **b)** $f(x) = (2x+1)^{-2}$ **c)** $f(x) = (3x^2+4x+5)^2$

d) $f(x) = (4x^3 - x^4)^3$ **e)** $f(x) = \dfrac{1}{2x+6}$ **f)** $f(x) = \dfrac{1}{x^3+2x-4}$

g) $f(x) = \dfrac{1}{(4x+3)^2}$ **h)** $f(x) = \dfrac{1}{(x^2+x+1)^2}$

8

Bestimme die Ableitungsfunktionen zu Aufgabe **7**.

9

Wie lautet die Ableitungsfunktion? Überlege zunächst, welche Regeln am günstigsten anzuwenden sind.

a) $f(x) = x^5 + 6x^3 - 4x + 8$ **b)** $f(x) = (x^2+3x) \cdot (2-3x^2)$

c) $f(x) = \dfrac{2x+7}{3x^2-x}$ **d)** $f(x) = \dfrac{1}{3x^2-x}$

e) $f(x) = x \cdot (3x+1) \cdot (x-2)$ **f)** $f(x) = (3x^2+x+1)^2$

g) $f(x) = \dfrac{1}{(x+2)^2}$ **h)** $f(x) = \dfrac{x}{(x+2)^2}$

i) $f(x) = (x^2+3x)^2 \cdot (x-1)$ **j)** $f(x) = (x-3)^2 \cdot (x+3)^2$

2. Relative (lokale) Extrema

In diesem Kapitel beschäftigen wir uns mit der Frage: Wie findet man in einer Funktion relative Extrema? Das sind spezielle Punkte, die für den Verlauf des Graphen eine besondere Bedeutung haben.

1

Gegeben sei die Funktion

$$f(x) = \frac{1}{3}x^3 + x^2 - 3x,$$

ihr Graph ist nebenstehend abgebildet.

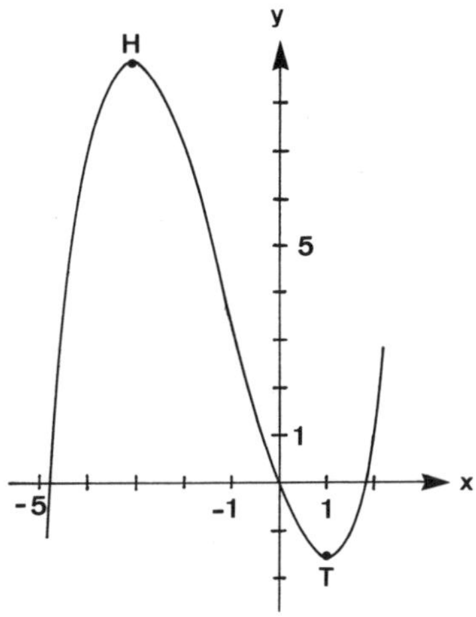

a) Berechne die folgenden Funktionswerte $f(-2)$, $f(-2{,}5)$, $f(-3)$, $f(-3{,}5)$, $f(-4)$.

b) Gibt es zwischen -2 und -4 einen x-Wert, dessen Funktionswert größer als 9 ist?

c) Besitzt die Funktion f überhaupt Funktionswerte, die größer als 9 sind?

Der Punkt $H(-3|9)$ ist von allen Punkten in seiner Umgebung dadurch herausgehoben, daß er den größten Funktionswert besitzt. Wir nennen ihn deshalb **Hochpunkt** oder **relatives Maximum.** Hätte er den größten Funktionswert der gesamten Funktion, so hieße er **absolutes Maximum.**

2

Betrachte noch einmal die Funktion von Aufgabe 1. Nenne die Koordinaten des Punktes, der als **relatives Minimum (Tiefpunkt)** bezeichnet werden kann. Berechne zum Vergleich zwei Funktionswerte in seiner Umgebung.

3

a) Bilde die Ableitungsfunktion von $f(x) = \frac{1}{3}x^3 + x^2 - 3x$.

b) Berechne $f'(-3)$ und $f'(1)$.

c) Bestätige, daß Stellen, an denen relative Extrema liegen, immer die Steigung Null besitzen.

Definition:

Eine Funktion f (x) besitzt an der Stelle x_0

- einen **Hochpunkt (relatives** oder **lokales Maximum),** wenn es eine Umgebung von x_0 gibt, in der alle Funktionswerte kleiner als $f(x_0)$ sind;
- einen **Tiefpunkt (relatives** oder **lokales Minimum),** wenn es eine Umgebung von x_0 gibt, in der alle Funktionswerte größer als $f(x_0)$ sind.

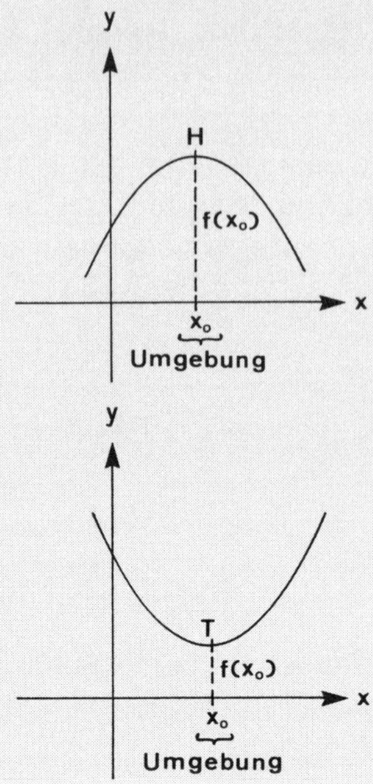

4

a) Wie lautet die Ableitungsfunktion von $f(x) = x^3 - 12x$?

b) Lies aus der Abbildung die Stellen ab, an denen die Funktion relative Extrema besitzt.

c) Überprüfe, ob an diesen Stellen die Ableitung gleich Null ist.

d) Ist es vorstellbar, daß sich an einer Stelle, an der die Ableitung nicht gleich Null ist, ein Hochpunkt oder ein Tiefpunkt befindet?

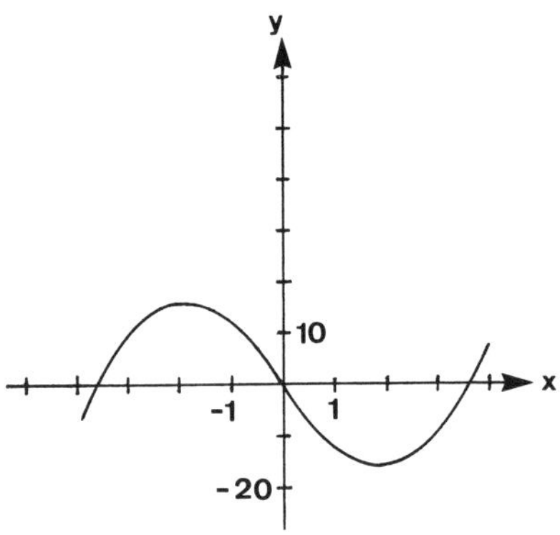

5 Gegeben sei $f(x) = x^3$.

a) Bestimme $f'(x)$.

b) Berechne $f'(0)$.

c) Betrachte den Graphen. Befindet sich an der Stelle $x = 0$ ein Hochpunkt oder ein Tiefpunkt?

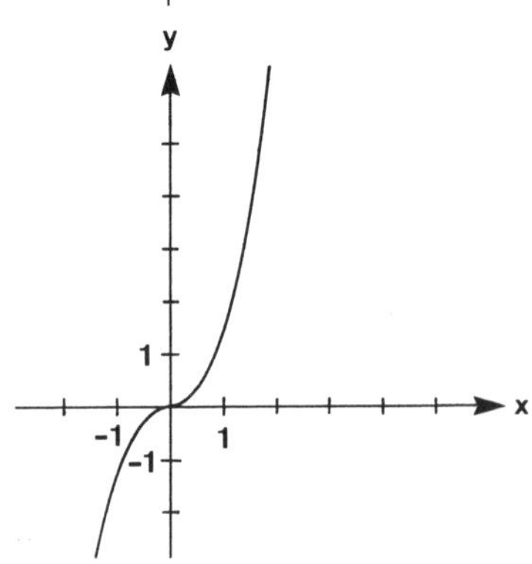

Wie Aufgabe [3] und [4] zeigen, ist es für das Vorhandensein von Extrema notwendig, daß die Ableitung an der betreffenden Stelle gleich Null ist. Diese Eigenschaft reicht aber allein nicht aus, wie wir in Aufgabe [5] gesehen haben.

Wir formulieren daher die

Notwendige Bedingung für Extrema:
Besitzt die Funktion f(x) an der Stelle x_0 ein relatives Extremum, so gilt immer $f'(x_0)=0$.

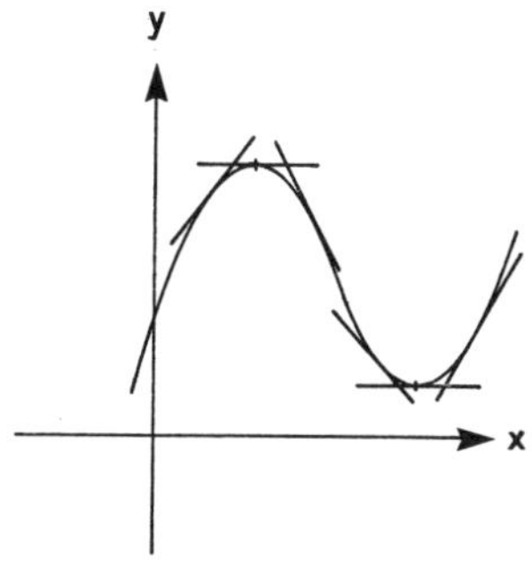

Umgekehrt trifft zu, daß an Stellen mit von Null verschiedener Steigung kein Extremum liegen kann.

6

Stelle fest, ob an den angegebenen Stellen die Steigung Null ist.

a) $f(x)=x^3-3x;\quad x_0=1$

b) $f(x)=x^4+7x^3+2x^2;\quad x_0=0$

c) $f(x)=2x^3-12x^2+3x;\quad x_0=4$

d) $f(x)=x^3+3x^2+3x;\quad x_0=-1$

Wir wollen nun eine Methode finden, die uns sicher sagt, ob an einer Stelle, an der f′ gleich Null ist, ein Extremum vorliegt. Dazu benötigen wir ein weiteres Hilfsmittel und zwar die zweite Ableitung:

Sei $f: x \mapsto f(x)$ eine Funktion, dann heißt
$f': x \mapsto f'(x)$ die erste Ableitungsfunktion,
$f'': x \mapsto [f'(x)]' = f''(x)$ die zweite Ableitungsfunktion,
$f''': x \mapsto [f''(x)]' = f'''(x)$ die dritte Ableitungsfunktion, usw.

Beispiel:
Die Funktion $f(x)=x^3-2x^2+4x-1$
besitzt die Ableitungsfunktionen:

$f'(x)=3x^2-4x+4$
$f''(x)=6x-4$
$f'''(x)=6$
$f^{(4)}(x)=0$ Alle weiteren Ableitungen sind dann ebenso 0.

7

Bestimme die ersten vier Ableitungsfunktionen.

a) $f(x) = x^3 - x^2 + 5x + 2$

b) $f(x) = x^4 + 3x^2$

c) $f(x) = 5x^3 - 12x$

d) $f(x) = 2x^2 - x + 4$

e) $f(x) = 0{,}3x^4 + 1{,}5x^3 - 2{,}6$

f) $f(x) = -1{,}2x^3 - 2{,}5x^2$

g) $f(x) = \frac{2}{3}x^3 + \frac{3}{4}x^2 - \frac{1}{7}x$

h) $f(x) = \frac{3}{8}x^4 - \frac{5}{9}x^2 + 3\frac{1}{2}$

8 Wie lauten $f'(x)$, $f''(x)$ und $f'''(x)$?

a) $f(x) = \frac{1}{x}$

b) $f(x) = \frac{x}{x+1}$

c) $f(x) = \frac{2}{2x-3}$

d) $f(x) = \frac{x^2+3x}{x-2}$

e) $f(x) = \frac{2x}{x^2-3x+4}$

f) $f(x) = \frac{x^2+1}{x^2-2x+1}$

Bemerkung: Bei den gebrochen rationalen Funktionen gibt es keine Ableitungsfunktion, die gleich Null ist. Dies wird anschaulich klar, wenn man beobachtet, wie sich die Exponenten des Nennerpolynoms nach jeder höheren Ableitung ebenfalls erhöhen.

9

Betrachte noch einmal die Funktion $f(x) = \frac{1}{3}x^3 + x^2 - 3x$ aus Aufgabe 1 bzw. 3.

a) An welcher Stelle x_0 befindet sich ein Hochpunkt, an welcher ein Tiefpunkt?

b) Bilde $f''(x)$.

c) Berechne $f''(-3)$ und $f''(1)$.

10

Gehe entsprechend vor bei der Funktion $f(x) = x^3 - 12x$ aus Aufgabe 4. Berechne auch hier die zweite Ableitung an den Extremstellen. Gibt es eine Gemeinsamkeit mit Aufgabe 9?

Ein Vergleich der Graphen von f, f′ und f″ soll uns endgültige Klarheit über den vermuteten Zusammenhang bringen.

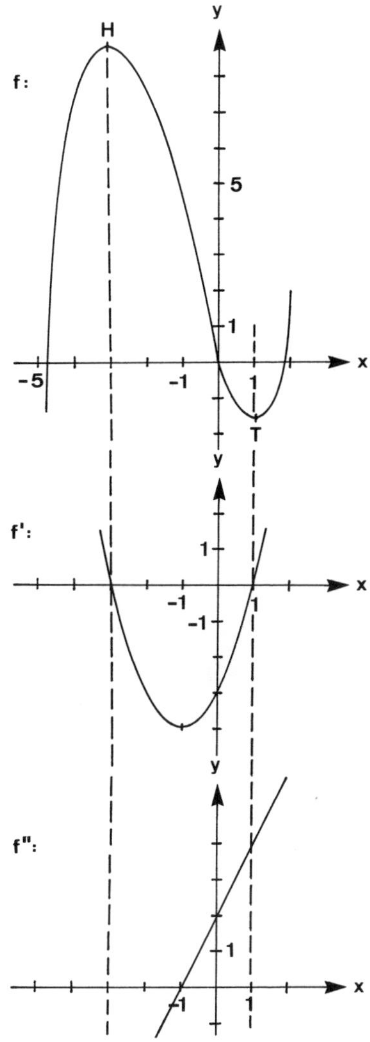

Der Graph gehört zu $f(x) = \frac{1}{3}x^3 + x^2 - 3x$.

Der Graph der ersten Ableitungsfunktion

$$f'(x) = x^2 + 2x - 3:$$

Der Graph der zweiten Ableitungsfunktion

$$f'' = 2x + 2:$$

11

Fülle die Tabelle aus (Null, positiv, Hochpunkt, Tiefpunkt). Betrachte dazu die obigen Abbildungen.

Stelle	$x_0 = -3$	$x_0 = 1$
$f'(x_0)$		
$f''(x_0)$	negativ	
Art des Extremums		

Da dies immer so ist, können wir die folgende Bedingung formulieren:

Hinreichende Bedingung für Extrema:

Gilt an einer Stelle x_0 einer Funktion $f(x)$
$f'(x_0) = 0$ und $f''(x_0) < 0$, so befindet sich dort ein **Hochpunkt,**
$f'(x_0) = 0$ und $f''(x_0) > 0$, so befindet sich dort ein **Tiefpunkt.**

Beachte:
Für den Fall $f'(x_0) = 0$ und $f''(x_0) = 0$ liefert dieses Kriterium kein Ergebnis. In diesem Fall sind weitere Untersuchungen notwendig, die wir im nächsten Kapitel durchführen wollen.

12

Überprüfe, ob an den genannten Stellen relative Extrema vorliegen und gib ihre Art an.

a) $f(x) = x^3 - 9x^2 + 15x + 17$; $x_0 = 1$ oder $x_0 = 5$

b) $f(x) = 2x^3 + 12x^2 - 6$; $x_0 = -4$ oder $x_0 = 0$

c) $f(x) = 27x - x^3$; $x_0 = 3$ oder $x_0 = -3$

d) $f(x) = 2x^3 - 4$; $x_0 = 0$

e) $f(x) = 3x^4 - 8x^3 + 6x^2 - 24x + 7$; $x_0 = 2$

f) $f(x) = x^3 + 12x^2 - 4x$; $x_0 = -1$

13

Bestimme die Hoch- und Tiefpunkte.

- $f'(x)$ bilden
- $f'(x) = 0$ setzen, Nullstellen ermitteln
- $f''(x)$ bilden
- mögliche Extremstellen einsetzen, Vorzeichen betrachten
- y-Koordinaten berechnen

a) $f(x) = 2x^3 - 9x^2 - 24x + 8$

b) $f(x) = x^3 - 7{,}5x^2 + 18x - 5$

c) $f(x) = 3x^3 - 18x + 4$

d) $f(x) = x^4 - 4x + 2$

e) $f(x) = x^3 + 2{,}5x^2 - 2x + 1$

f) $f(x) = 3x^4 + 4x^3 + 12x^2 + 9$

14

Auch gebrochen rationale Funktionen können Hoch- bzw. Tiefpunkte besitzen. Ermittle sie nach derselben Methode wie in Aufgabe 13.

a) $f(x) = \dfrac{x}{x^2+4}$

b) $f(x) = \dfrac{2-4x}{2+x^2}$

c) $f(x) = \dfrac{1}{x^2-16}$

d) $f(x) = \dfrac{x}{x^2-x^3}$

e) $f(x) = \dfrac{x^2-4x+4}{x+3}$

f) $f(x) = \dfrac{x^2-2x-3}{2x-x^2}$

Eine andere Methode zum Auffinden der relativen Extrema bedient sich einer Vorzeichentabelle, wie sie schon bei der Vorzeichenuntersuchung in Kapitel I.7 benutzt wurde.

Der theoretische Hintergrund ist folgender: Beim Durchlaufen eines Hochpunkts geht die Funktion vom Steigen ins Fallen über. Dies bedeutet, daß die Steigungen zunächst positiv, am Hochpunkt selbst Null und danach negativ sind.

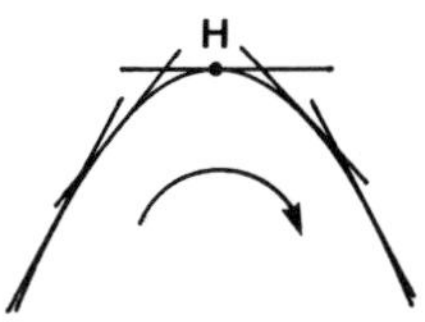

Die Funktionswerte von f' wechseln also ihr Vorzeichen von + nach −.

15

Setze die fehlenden Wörter ein:

Beim Durchlaufen eines Tiefpunkts geht die Funktion vom __________ ins __________ über.
Die Steigungen sind zunächst __________, im Tiefpunkt selbst __________ und dann __________.
Die Funktionswerte von f' wechseln das Vorzeichen von ________ nach ________ .

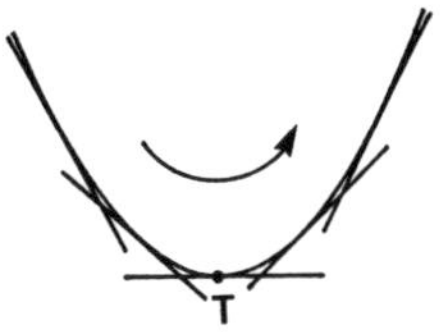

Beispiel:
Die lokalen Extrema der Funktion $f(x) = x^3 - 4{,}5x^2 - 30x + 10$ sind zu ermitteln, ihre Art soll bestimmt werden.

1. Ableitungsfunktion: $f'(x) = 3x^2 - 9x - 30$

Nullstellen von $f'(x)$:

$$0 = 3x^2 - 9x - 30 \quad |:3$$
$$0 = x^2 - 3x - 10$$
$$x = -2 \text{ oder } x = 5$$
$$f'(x) = 3(x+2)(x-5)$$

Vorzeichenuntersuchung von $f'(x)$

	$x < -2$	$-2 < x < 5$	$5 < x$
3	+	+	+
$x+2$	−	+	+
$x-5$	−	−	+
$f'(x)$	+	−	+

→ Vorzeichenwechsel von + nach − ⇒ Hochpunkt

→ Vorzeichenwechsel von − nach + ⇒ Tiefpunkt

16

Bestimme die relativen Extrema.

- $f'(x)$ bilden
- $f'(x) = 0$ setzen, Nullstellen ermitteln
- Vorzeichentabelle von $f'(x)$ anlegen, Vorzeichenwechsel signalisieren Hoch- bzw. Tiefpunkte
- y-Koordinaten berechnen

a) $f(x) = 4x^3 + 9x^2 - 12x + 4$

b) $f(x) = x^3 + x^2 - x + 2$

c) $f(x) = x^3 - 6x^2 + 5$

d) $f(x) = 2x^3 - 13{,}5x + 7{,}5$

e) $f(x) = \dfrac{2x^3}{x^2 - 3}$

f) $f(x) = \dfrac{5}{x^2 + 1}$

g) $f(x) = \dfrac{3x}{x^2 - 2x + 1}$

h) $f(x) = \dfrac{x^2 + x}{x^2 + x - 6}$

Die Vorzeichenuntersuchung der 1. Ableitungsfunktion besitzt gegenüber der Betrachtung des Vorzeichens der 2. Ableitung den Vorteil, daß sie für alle denkbaren Fälle angewendet werden kann. Auch für den Fall $f'(x_0) = 0$ und $f''(x_0) = 0$ liefert sie ein Ergebnis, wie die folgende Überlegung zeigt.

17

Wir wenden uns noch einmal der Funktion $f(x) = x^3$ zu.

a) Wie lautet $f'(x)$? An welcher Stelle ist die Steigung gleich Null?
b) Führe eine Vorzeichenuntersuchung von $f'(x)$ durch. Wechselt $f'(x)$ an der Stelle $x_0 = 0$ das Vorzeichen?
c) Kann folglich an der Stelle $x_0 = 0$ ein Hoch- oder Tiefpunkt vorliegen?

Wir fassen zusammen:

Notwendig für das Vorhandensein eines relativen Extremums an der Stelle x_0 ist, daß $f'(x_0) = 0$ gilt.
Ist diese notwendige Bedingung erfüllt, so kann man noch nicht sicher sein, ob wirklich ein Extremum vorliegt und ob es sich dabei um ein Maximum oder Minimum handelt.
Hierüber kann man erst eine Aussage machen, wenn man eine der hinreichenden Bedingungen

1. $f'(x_0) = 0$ und $f''(x_0) < 0$ (bzw. > 0) oder
2. $f'(x_0) = 0$ und Vorzeichenwechsel von $f'(x)$ an der Stelle x_0 geprüft hat.

Dabei ist anzumerken, daß die erste hinreichende Bedingung für den Fall $f'(x_0) = 0$ und gleichzeitig $f''(x_0) = 0$ kein Ergebnis liefert.

18

Bestimme die relativen Extrema und weise ihre Art nach. Benutze das jeweils günstige Kriterium.

a) $f(x) = x^3 - 2x^2 - 4x - 6$

b) $f(x) = x^4 - 4x^3$

c) $f(x) = x^3 - 3x^2 + 3x - 2$

d) $f(x) = x^4 - 8x^2 + 4$

e) $f(x) = \frac{1}{3}x^3 - x^2 - 3x + 0{,}5$

f) $f(x) = \frac{1}{2}x^3 + \frac{15}{4}x^2 + 6$

g) $f(x) = \frac{3}{x^2 - 4}$

h) $f(x) = \frac{x^3 + 2x - 2}{2x}$

i) $f(x) = \frac{x - 2}{x^2 - 4x + 5}$

j) $f(x) = \frac{x^2 - 1}{x^4}$

3. Wendepunkte

Neben den Extrempunkten sind die Wendepunkte für das Zeichnen des Funktionsgraphen besonders wichtig. Waren die Extrema diejenigen Punkte, an denen der Graph vom Steigen ins Fallen (oder umgekehrt) überging, so bezeichnen die Wendepunkte die Stellen, an denen der Graph seine Krümmung wechselt.
In der Abbildung beschreibt der Graph zunächst eine Rechtskurve, dann eine Linkskurve und schließlich wieder eine Rechtskurve.

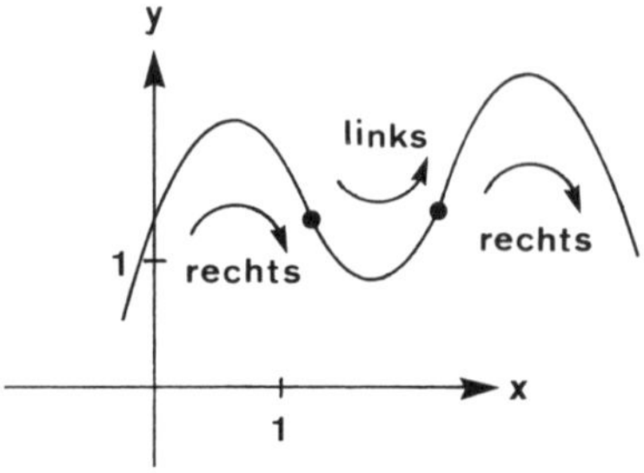

1

Lies aus den Abbildungen ab, in welchen Bereichen Links- bzw. Rechtskurven vorliegen.

a)

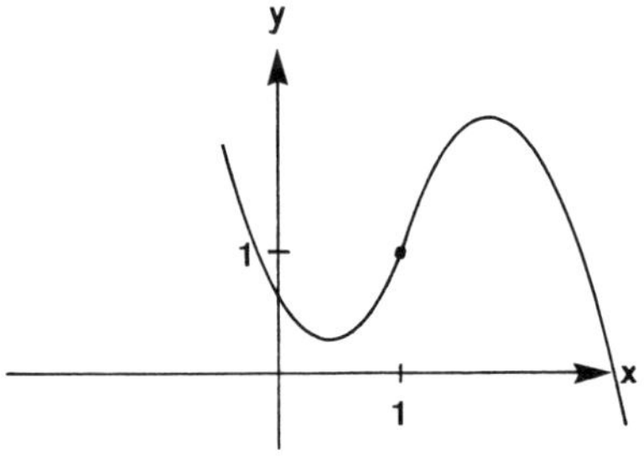

b)

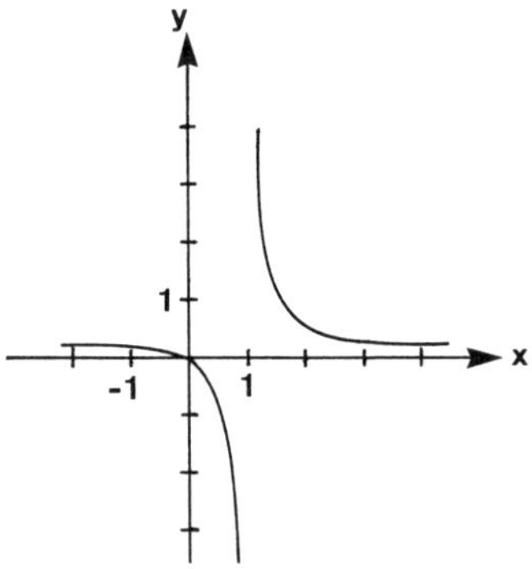

c)

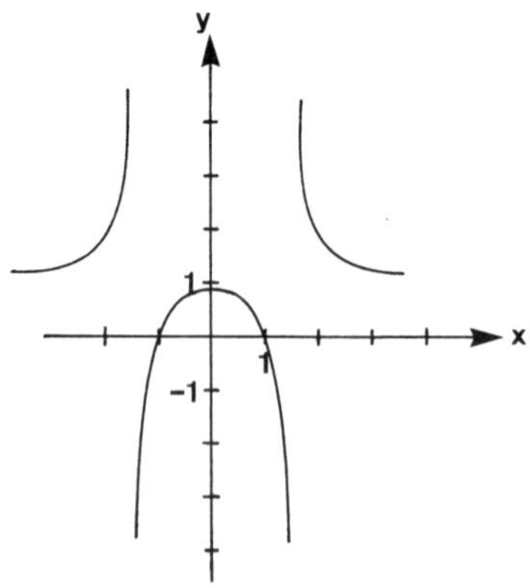

d)

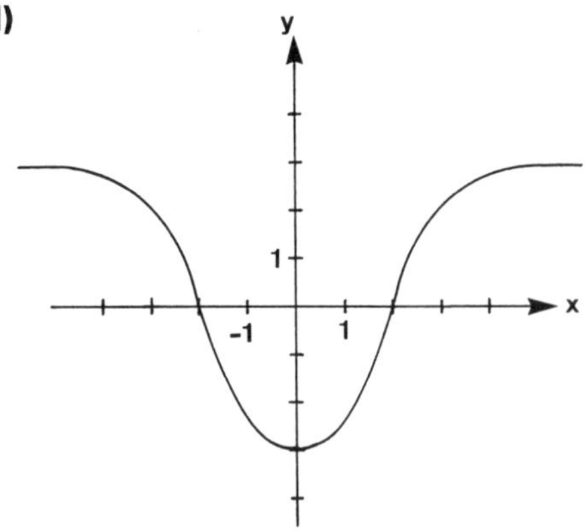

Wir wollen nun überlegen, wie man die Wendepunkte einer gegebenen Funktion finden kann.

2

Abgebildet sind die Graphen der schon bekannten Funktion $f(x) = \frac{1}{3}x^3 + x^2 - 3x$ und die der zugehörigen Ableitungsfunktionen.

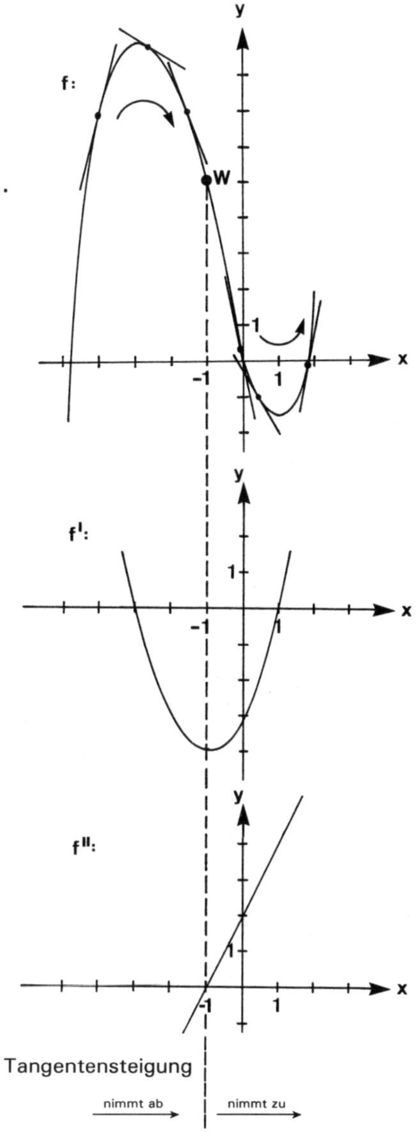

a) Betrachte die Stelle $x = -1$. Inwiefern findet hier ein Krümmungswechsel statt?

b) Was besitzt $f'(x)$ an der Stelle $x = -1$?

c) Betrachte die Steigungen der Tangenten Bestätige, daß sie bei Annäherung an $x = -1$ zunächst kleiner, danach wieder größer werden.

d) Was besitzt $f''(x)$ an der Stelle $x = -1$?

Der an einem Wendepunkt stattfindende Krümmungswechsel zeigt sich offensichtlich auch am Verhalten der Tangentensteigungen. Diese werden beim Durchlaufen einer Rechtskurve immer kleiner und erreichen im Wendepunkt ihr Minimum. (Daher hat $f'(x)$ dort einen Tiefpunkt.) Beim Durchlaufen der darauffolgenden Linkskurve dagegen nimmt die Steigung ständig zu.
Ein Wendepunkt von $f(x)$ liegt demzufolge immer dann vor, wenn $f'(x)$ ein relatives Extremum besitzt. Dafür ist wiederum notwendig, daß die Ableitungsfunktion von $f'(x)$, nämlich $f''(x)$, eine Nullstelle besitzt.
Wir stellen fest, daß wir für Wendepunkte die gleichen Bedingungen wie für Extrema formulieren können, nur jeweils eine Ableitung höher.

Notwendige Bedingung für Wendepunkte:
Besitzt die Funktion f(x) an der Stelle x_0 einen Wendepunkt, so gilt immer $f''(x_0) = 0$.

Hinreichende Bedingung für Wendepunkte:
Gilt an einer Stelle x_0 einer Funktion f(x)
$f''(x_0) = 0$ und $f'''(x_0) \neq 0$, so befindet sich dort ein Wendepunkt.

Bemerkung:
Bei der Übertragung der hinreichenden Bedingung haben wir $f'''(x_0) < 0$ oder $f'''(x_0) > 0$ zu $f'''(x_0) \neq 0$ zusammengefaßt, weil meistens nicht berechnet werden muß, ob der Graph an der betreffenden Stelle von einer Rechts- in eine Linkskurve übergeht oder umgekehrt. Dies ergibt sich beim Zeichnen des Graphen aus der Lage der Extrema.

3

Finde die Wendepunkte der Funktionen.

- $f'(x)$ und $f''(x)$ bilden
- $f''(x) = 0$ setzen, Nullstellen bestimmen
- $f'''(x)$ bilden
- Nullstellen in $f'''(x)$ einsetzen; falls sich ein Wert ungleich Null ergibt, liegen Wendepunkte vor
- y-Koordinaten berechnen

a) $f(x) = x^3 - 2x^2 + x + 5$

b) $f(x) = 2x^3 + 2x^2 - 3x + 3$

c) $f(x) = x^4 + 6x^3 + 24x^2 - 12x + 2$

d) $f(x) = 2x^4 + 3x^3 + 2x - 4$

e) $f(x) = 0{,}5x^4 - 5x^3 + 18x^2 + 1{,}5$

f) $f(x) = x^4 + 6x^2 + 3x + 4$

g) $f(x) = \dfrac{x+1}{x^2}$

h) $f(x) = \dfrac{x^2 + 2x + 1}{x^2 - 2x + 1}$

i) $f(x) = \dfrac{x^2 + 2x - 8}{x^2 - 5x}$

j) $f(x) = \dfrac{2x}{x^2 + 1}$

4

Untersuche die Funktion

$f(x) = x^4 - 4x^3 + 6x^2 - 4x + 1$.

a) Bestimme $f'(x)$ und $f''(x)$.

b) An welcher Stelle x_0 gilt $f''(x_0) = 0$?

c) Überprüfe die hinreichende Bedingung. Kann man danach eine Aussage über das Vorhandensein eines Wendepunkts machen?

d) Bestätige anhand des Graphen, daß an der Stelle $x_0 = 1$ kein Wendepunkt vorliegt.

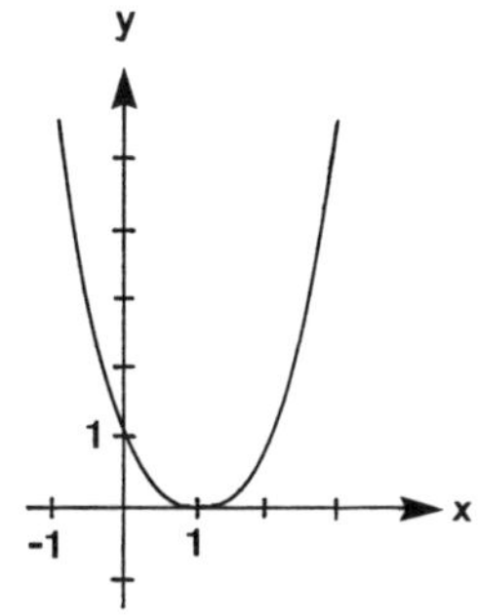

5

Untersuche ebenso die Funktion $f(x) = x^3$. Vergleiche das Ergebnis mit dem von Aufgabe 5 in Kapitel II.2.

Wie Aufgabe 4 zeigt, ist die oben formulierte hinreichende Bedingung für den Fall $f''(x_0) = 0$ und $f'''(x_0) = 0$ nicht anwendbar. Parallel zu dem Vorzeichenwechselkriterium bei Extrema lautet das entsprechende für Wendepunkte:

> Eine Funktion $f(x)$ besitzt an einer Stelle x_0 genau dann einen Wendepunkt, wenn $f''(x_0) = 0$ ist und $f''(x)$ dort ihr Vorzeichen wechselt.

Beispiel:

$f(x) = x^4 - 4x^3 + 6x^2 - 4x + 1$ (vgl. Aufgabe 4)

$f'(x) = 4x^3 - 12x^2 + 12x$, $f''(x) = 12x^2 - 24x + 12$

Nullstellenbestimmung von $f''(x)$ liefert $x_0 = 1$ (doppelte Nullstelle)

$\Rightarrow f''(x) = 12 \cdot (x-1)^2$

Vorzeichenuntersuchung von $f''(x)$:

	$x < 1$	$x > 1$
12	+	+
$(x-1)^2$	+	+
$f''(x)$	+	+

$\longrightarrow$ kein Vorzeichenwechsel

$\Rightarrow$ kein Wendepunkt

6

Weise mit einem geeigneten Kriterium nach, daß die Funktion $f(x)=x^4-4x^3+6x^2-4x+1$ an der Stelle $x=1$ einen Tiefpunkt besitzt.

7

Untersuche, ob und wo die Funktionen Wendepunkte besitzen. Verwende das Vorzeichenwechselkriterium.

a) $f(x) = x^4+11x^3+36x^2+6$

b) $f(x) = x^4-12x^2+8$

c) $f(x) = 6x^3-8x^2-9x-5$

d) $f(x) = 2x^4+5x^2+7x$

e) $f(x) = \dfrac{x^3+1}{2x}$

f) $f(x) = \dfrac{x^2+6}{x^2+9}$

g) $f(x) = \dfrac{7x+6}{x^2-x-6}$

h) $f(x) = \dfrac{x^3-3x-8}{3x}$

8

Der Graph der Funktion $f(x)=x^3-3x^2+3x$ ist hier abgebildet.

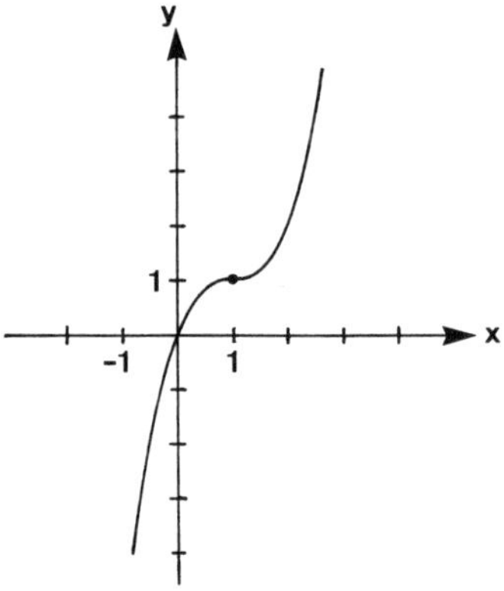

a) Berechne die Steigung an der Stelle $x=1$.

b) Gilt auch $f''(1)=0$?

c) Weise nach, daß sich an der Stelle $x=1$ ein Wendepunkt befindet.

Der Punkt $(1 \mid 1)$ der Funktion $f(x)=x^3-3x^2+3x$ ist ein Wendepunkt mit waagerechter Tangente, ein sogenannter **Sattelpunkt** oder **Terrassenpunkt.** Derartige Punkte kann man am besten über Vorzeichenwechselkriterien nachweisen, da häufig mehrere Ableitungen an den betreffenden Stellen gleich Null sind. Liegt kein Sattelpunkt vor, so kann es sich wegen der waagerechten Tangente (Steigung Null) nur um ein Extremum handeln.

9 Prüfe, ob an den angegebenen Stellen Sattelpunkte oder Extrema liegen.

a) $f(x)=1-x^3$; $x_0=0$

b) $f(x)=x^4+x^3-3x^2-5x-2$; $x_0=-1$

c) $f(x)=x^4-6$; $x_0=0$

d) $f(x)=x^4-8x^3+24x^2-32x$; $x_0=2$

Wir fassen zusammen:

Wendepunkte sind Punkte, an denen der Graph seine Krümmung wechselt, z. B. von einer Linkskurve in eine Rechtskurve.
Notwendig dafür ist, daß $f''(x_0) = 0$ ist.
Hinreichende Bedingungen sind:

1. $f''(x_0) = 0$ und $f'''(x_0) \neq 0$ oder
2. $f''(x_0) = 0$ und gleichzeitig Vorzeichenwechsel von $f''(x)$.

Ein Wendepunkt mit waagerechter Tangente heißt Sattelpunkt oder Terrassenpunkt (zusätzlich $f'(x_0) = 0$).

Hinweis:
In vielen Fällen führt der Weg über die erste hinreichende Bedingung schneller zum Ziel. Nachteilig könnte sich jedoch in Einzelfällen auswirken, daß sie für den Fall $f''(x_0) = 0$ und $f'''(x_0) = 0$ kein Ergebnis liefert. Außerdem muß immer $f'''(x)$ berechnet werden, was bei gebrochen rationalen Funktionen aufwendig sein kann.

10

Bestimme die Wendepunkte der Funktion. Überlege vorher, welche hinreichende Bedingung besser geeignet ist.

a) $f(x) = x^3 - 2{,}5x^2 + 4x - 6$

b) $f(x) = 6x^4 + 28x^3 - 15x + 9$

c) $f(x) = 2x^4 + 36x^2 + 24x - 19$

d) $f(x) = 9x^4 - 10x^3 + 12$

e) $f(x) = 4x^4 + 7x^2 - 9x + 11$

f) $f(x) = x^3 - 9x^2 + 27x$

g) $f(x) = \dfrac{1}{1 + 3x^2}$

h) $f(x) = \dfrac{x^3}{x^2 - 4}$

i) $f(x) = \dfrac{2x^2 + x + 2}{x^2 + 1}$

j) $f(x) = \dfrac{x^2 - 4}{3x^3}$

4. Vollständige Funktionsuntersuchungen

Wir wollen nun zum Abschluß alles bisher Gelernte anwenden. Im Einzelfall ist nicht immer jede Untersuchung notwendig, manchmal erhält man eine Information über den Verlauf des Graphen mehrmals. Dennoch ist es wichtig, möglichst alle Stationen der Untersuchung durchzugehen, nur so ergibt sich ein vollständiges Bild des Funktionsverlaufs. Es dürfen keine Widersprüche auftreten, sie wären ein Indiz für fehlerhafte Rechnungen oder Gedankengänge.

Die Kurvendiskussionen sollen nach dem Schema auf Seite 93 durchgeführt werden:

Beispiel:

$f(x) = x^4 - 5x^2 + 4$

1. Definitionsmenge: $\mathbb{D}_f = \mathbb{R}$, da ganzrationale Funktion.

2. Symmetrie: $f(-x) = (-x)^4 - 5 \cdot (-x)^2 + 4$
   $= x^4 - 5x^2 + 4 = f(x)$
   $\Rightarrow$ Achsensymmetrie zur y-Achse
   (Zu diesem Ergebnis kommt man auch schneller, wenn man bedenkt, daß nur gerade Exponenten von x auftreten.)

3. Nullstellen: $f(x) = 0$, d. h. $x^4 - 5x^2 + 4 = 0$
   Biquadratische Gleichung; Substitution $x^2 = z$
   Lösen der Gleichung $z^2 - 5z + 4 = 0$ liefert
   $z = 1$ oder $z = 4$.
   Rücksubstitution: $x^2 = 1$ oder $x^2 = 4$
   $\Rightarrow x = 1$ oder $x = -1$ oder $x = 2$ oder $x = -2$
   Ergebnis: Es gibt die vier einfachen Nullstellen (mit Vorzeichenwechsel) $x = 1;\ -1;\ 2;\ -2$.

4. Definitionslücken: entfällt

5. Grenzwerte für $x \to \infty$ oder $x \to -\infty$:
   $\lim\limits_{x \to \infty} f(x) = \lim\limits_{x \to \infty} (x^4 - 5x^2 + 4) = \infty$, da x^4 die höchste auftretende x-Potenz ist
   Wegen der Symmetrie zur y-Achse gilt ebenso
   $\lim\limits_{x \to -\infty} f(x) = \infty$.

6. Asymptoten: entfällt

(Fortsetzung Seite 94)

Funktionsuntersuchung (II)

Die mit (*) gekennzeichneten Punkte müssen nur bei gebrochen rationalen Funktionen untersucht werden.

1. (*) **Definitionsmenge:** $\mathbb{D}_f = \mathbb{R} \setminus \{\text{Nullstellen des Nenners}\}$
2. **Symmetrie:** $f(-x) = f(x)$ Achsensymmetrie zur y-Achse
   $f(-x) = -f(x)$ Punktsymmetrie zum Ursprung
3. **Nullstellen:** $f(x) = 0$ setzen. Es gibt Nullstellen mit bzw. ohne Vorzeichenwechsel.
   Beachte: Bei gebrochen rationalen Funktionen muß auch der Nenner untersucht werden!
4. (*) **Definitionslücken:**
   - Pol: i. a. Nullstelle von Nenner, nicht aber Nullstelle von Zähler (mit oder ohne Vorzeichenwechsel)
   - hebbare Lücke: i. a. gemeinsame Nullstelle von Zähler und Nenner

   In Zweifelsfällen Grenzwerte bilden!
5. **Grenzwerte** für $x \to \infty$ oder $x \to -\infty$ (nur bei ganzrationalen Funktionen): Entscheidend ist die höchste Potenz von x und ihr Vorzeichen.
6. (*) **Asymptoten:**
   Grad Zählerpolynom < Grad Nennerpolynom: x-Achse
   Grad Zählerp. = Grad Nennerp.: Parallele zu x-Achse
   Grad Zählerp. > Grad Nennerp.: „schräg“ verlaufende Gerade (Polynomdivision)
7. **Vorzeichenuntersuchung:**
   - Funktionsterm in Faktoren zerlegen
   - Tabelle anlegen
8. **Schnittpunkt** mit der y-Achse: $f(0)$ berechnen
   (die Berechnung weiterer Punkte bleibt freigestellt)
9. **Ableitungsfunktionen:** $f'(x)$, $f''(x)$ und ggf. $f'''(x)$ berechnen
10. **Extrema:**
    - $f'(x) = 0$ setzen, Nullstellen bestimmen
    - Prüfen, ob $f''(x_0)$ größer oder kleiner Null ist, oder ob Vorzeichenwechsel von $f'(x)$ bei x_0 vorliegt.
    - Zugehörige y-Werte berechnen.
11. **Wendepunkte:**
    - $f''(x) = 0$ setzen, Nullstellen bestimmen
    - Prüfen, ob $f'''(x_0) \neq 0$ ist, oder ob Vorzeichenwechsel von $f''(x)$ vorliegt.
    - Zugehörige y-Werte berechnen.
12. **Graph** zeichnen

7. Vorzeichenuntersuchung:

Faktorzerlegung: $f(x) = (x-1) \cdot (x+1) \cdot (x-2) \cdot (x+2)$

	$x < -2$	$-2 < x < -1$	$-1 < x < 1$	$1 < x < 2$	$2 < x$
$x-1$	−	−	−	+	+
$x+1$	−	−	+	+	+
$x-2$	−	−	−	−	+
$x+2$	−	+	+	+	+
$f(x)$	+	−	+	−	+

8. Schnittpunkt mit der y-Achse: $f(0) = 4$

9. Ableitungsfunktionen:
$$f'(x) = 4x^3 - 10x$$
$$f''(x) = 12x^2 - 10$$
$$f'''(x) = 24x$$

10. Extrema: $f'(x) = 0$, d.h. $0 = 4x^3 - 10x \quad | :4$
$$0 = x^3 - 2{,}5x$$
$$0 = x(x^2 - 2{,}5)$$
$$x = 0 \text{ oder } x^2 - 2{,}5 = 0$$

$\Rightarrow$ $x = 0$ oder $x = \sqrt{2{,}5}$ oder $x = -\sqrt{2{,}5}$ sind mögliche Extremstellen

Überprüfung durch Einsetzen in $f''(x)$:

$f''(0) = -10 < 0 \Rightarrow$ Hochpunkt

$f''(\sqrt{2{,}5}) = 12 \cdot (\sqrt{2{,}5})^2 - 10 = 12 \cdot 2{,}5 - 10 = 20 > 0$

$\Rightarrow$ Tiefpunkt

$f''(-\sqrt{2{,}5})$ entsprechend (Achsensymmetrie!)

y-Koordinaten: $f(0) = 4$
$$f(\sqrt{2{,}5}) = (\sqrt{2{,}5})^4 - 5 \cdot (\sqrt{2{,}5})^2 + 4$$
$$= 6{,}25 - 12{,}5 + 4$$
$$= -2{,}25$$
$$= f(-\sqrt{2{,}5})$$

Ergebnis: $H(0|4)$ ist ein Hochpunkt,
$T_1(\sqrt{2{,}5}|-2{,}25)$ und $T_2(-\sqrt{2{,}5}|-2{,}25)$ sind Tiefpunkte.

11. Wendepunkte: $f''(x)=0$, d.h. $0=12x^2-10 \quad |:12$

$$0 = x^2 - \frac{5}{6}$$

$\Rightarrow \quad x = \sqrt{\frac{5}{6}}$ oder $x = -\sqrt{\frac{5}{6}}$ sind mögliche Wendestellen

Überprüfung durch Einsetzen in $f'''(x)$:

$f'''\left(\sqrt{\frac{5}{6}}\right) = 24 \cdot \sqrt{\frac{5}{6}} \neq 0 \Rightarrow$ Wendestelle,

ebenso bei $x = -\sqrt{\frac{5}{6}}$ (Achsensymmetrie!)

y-Koordinaten: $f\left(\sqrt{\frac{5}{6}}\right) = \left(\sqrt{\frac{5}{6}}\right)^4 - 5 \cdot \left(\sqrt{\frac{5}{6}}\right)^2 + 4$

$$= \frac{25}{36} - \frac{25}{6} + 4 = \frac{19}{36} = f\left(-\sqrt{\frac{5}{6}}\right)$$

Ergebnis: $W_1\left(\sqrt{\frac{5}{6}} \,\middle|\, \frac{19}{36}\right)$ und $W_2\left(-\sqrt{\frac{5}{6}} \,\middle|\, \frac{19}{36}\right)$ sind Wendepunkte.

12. Graph

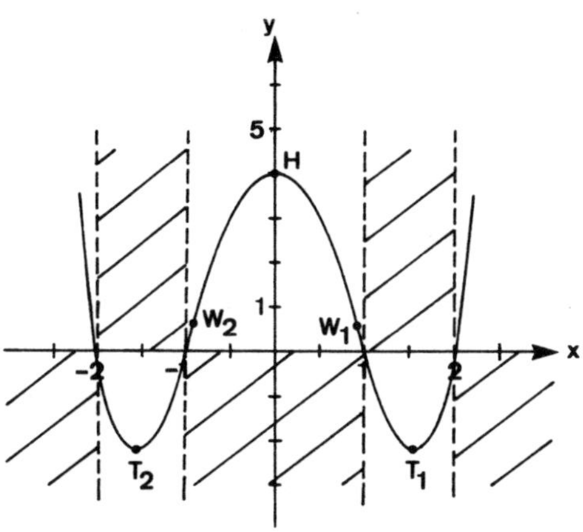

1

Bearbeite wie im Beispiel:

a) $f(x) = x^3 - 9x^2 + 15x + 18$

b) $f(x) = x^4 - 8x^2 + 16$

c) $f(x) = 3x^4 - 8x^3 + 6x^2 + 2$

d) $f(x) = x^4 - 9x^3 + 27x^2 - 27x$

e) $f(x) = x^3 - 12x^2 + 48x - 64$

f) $f(x) = x^3 + 11x^2 + 35x + 25$

g) $f(x) = \frac{6 \cdot (x-1)^2}{(x+3) \cdot (x-2)}$

h) $f(x) = \frac{2x-2}{x^2-1}$

i) $f(x) = \dfrac{2x^2}{x^2+1}$

j) $f(x) = \dfrac{x^2-6x+8}{x-3}$

k) $f(x) = \dfrac{0{,}5x^2-3x}{x^2+x-6}$

l) $f(x) = \dfrac{x^2+1}{x^2-2x+1}$

m) $f(x) = \dfrac{18}{4x^2-9}$

n) $f(x) = \dfrac{x^2-9}{x^2+3}$